U0347850

铜 仁 食 材 · 苏 州 味 道

FANJING MOUNTAIN MEETS TAIHU LAKE

古吴轩出版社
中国·苏州

Editorial Committee

苏州 · 盘门

《梵净山遇见太湖水》编委会

主任：朱民

副主任：蒋来清　陆春云　王飚　查颖冬

编委：李杰　吴文祥　张亿锋　张志军　张宇新　陈桂娟　何建华　沈晶　罗洪祥　顾志华　倪志强　徐伟荣　郭德强　钱宇　程波

主编：程波　吴文祥　李杰

执行主编：倪志强

编辑：施金元　仇圣富　庞振　徐卫康　张皋　刘学　宋浩　吴仲珍　赵泰然　龙文虎　唐俭

策划：唐劲松　吴云健

烹饪技术顾问：华永根　金洪男　俞水林　汪成　曹祥贵

统筹：张豫

图片摄影：张嘉超

版面设计：苏州吴王文化传播有限公司

Preface

“智者乐水，仁者乐山。”高山流水，是山水相依的现实场景，也是知音唱和的经典传奇。当我收到市科协送来的《梵净山遇见太湖水》样书，书名的“文艺范”和封面的水墨韵立即打动了我。开卷阅读，“画色生香”的山珍苏味顿时扑面而来，充满爱心的协作情谊也随之扑面而来。

山和水的缘分，天地共生、与生俱来。铜仁属云贵高原，其山伟岸雄奇、超凡脱俗，以梵净山为代表；苏州是江南水乡，其水温润灵动、上善和美，以太湖水为代表。一个是梵天净土，一个是人间天堂。“君住长江头， 我住长江尾”，苏州和铜仁就这样以长江为纽带，穿越千里，天然地联结在一起。

中华人民共和国成立后，苏铜两地交往日益密切。特别是党的十八大以来，苏州与铜仁建立结对帮扶机制，“铜仁所需”与“苏州所能”充分对接，苏州的资本、技术、市场等优势与铜仁的资源、生态、人力等优势有机结合，精准脱贫六载接力，两地人民从物态到情态实现了深度相融，共同谱写了一曲“山水手挽手，城乡心连心”的时代乐章。

2016年，苏铜对口帮扶工作升级为全国东西部扶贫协作， 两地人民牢记中央的殷切期待，决心更坚定，力度再加码，措施越来越精准有效，以圆梦志向和奔跑姿态携手迈向小康社会。苏州和铜仁继百名医生、教师、劳模对口协作之后，两地共同商议实施了“新三百工程”，在“十三五”时期，苏州每年选派百名教授（专家）、百位艺术家、百家旅行社走进铜仁开展精准帮扶工作。苏州市科协作为百名教授（专家）进铜仁活动的牵头组织单位，在市委市政府的正确领导下，围绕实施乡村振兴战略和助力“铜货出山”两大主题，采取“部门联合、市县联动”的工作方式，与农业、商务、旅游等有关部门通力合作，并积极争取到中国科协国家级学会助力工程项目，引入高层次专业资源，3年共组织各类学会、高校科协、企业科协的教授（专家）360多人走进铜仁。这些教授（专家）翻山越岭走村入户，办培训班，开对接会，在田园规划、农业技术、科普教育、冷链物流等方面开辟了脱贫致富新路径。

铜仁香菇一度成为苏州市科协牵线食行生鲜电商平台的年度“网红”，火爆日活量和民意爱心潮一下引发了“山珍苏味”的创意想法。“山珍”是上天所赐的铜仁生态仙物，“苏味”是名满天下的苏帮菜厨艺智慧，“铜货食材”有大基地，“苏州味道”有大市场，舌尖上的精准帮扶正是对口到胃（位）的供需完美契合。苏州市科协迅速行动，组织苏州市烹饪协会启动菜品研发项目，14家苏州知名餐饮企业、近20位烹饪大师历时半年共同研发出了酸汤拆烩鲢鱼头、荷香武陵坛子鸡等150余道创新菜。这既是苏帮菜厨艺的一次专业大科普，也是铜仁山珍的一次集中大促销。当原生态、高品质的铜仁山货与精细化、艺术化的苏帮菜烹调技艺相遇，就如磅礴的梵净山与柔和的太湖水相遇，在舌尖味蕾中和合相融、美妙无比。书中每一道大师级菜，给我们带来的不仅是视觉冲击，更是味觉享受，引人垂涎欲滴，也有忍不住下厨房做一回厨神的冲动。

古人将治国与烹鲜视为一理，做一道好菜需要用心、用情、用力。开展对口精准帮扶，实现乡村振兴更是如此。期待在东西协作、苏铜结对的道路上演绎出更多“梵净山遇见太湖水”的美好故事，在山水融合中相互促进、相得益彰。也望读者朋友们从本书中学厨艺、鉴美食，感悟美、传播爱，多吃“山珍苏味”，走进梵天净土铜仁，将更多爱心融入两地人民对口帮扶的浓情暖流之中。

中共苏州市委副书记

Contents

铜仁净山
梵 天 净 土 · 桃 源 铜 仁
FANJING MOUNTAIN
MEETS
TAIHU LAKE

生态·食材

铜仁地处黔湘渝两省一市接合部，位于武陵山区腹地，是贵州向东开放的门户和桥头堡，素有“黔中各郡邑、独美于铜仁”的美誉。全市辖2区8县、9个省级经济开发区、1个省级高新技术产业开发区，总人口440多万，共聚居着汉、苗、侗、土家、仡佬等29个民族，少数民族人口占总人口的70.45%。铜仁是全国民族团结进步示范市之一，是首批国家智慧城市试点市，是贵州省委、省政府定位的绿色发展先行示范区。

自然环境润物宜人

铜仁市属中亚热带季风湿润气候区，热量丰富、光照适宜、降水丰沛。以梵净山为主峰的武陵山脉是铜仁东西部的分水岭，全市最高海拔2572米，最低海拔205米，为喀斯特地貌发育典型，是喀斯特地学的天然百科全书。大部分地区温和湿润，山间、河谷气候垂直变化明显，有“一山有四季，十里不同天”的气候特征，冬无严寒，夏无酷暑，雨热同季，润物宜人。全市空气质量优良天数比率达98%。

历史沿革源远流长

铜仁自秦代为黔中郡腹部地区，汉时改隶武陵郡，蜀汉时始有县治，唐时分属思州、锦州、黔州。宋末元初设思州、思南两宣慰司，元代设置“铜人大小江蛮夷军民长官司”。明永乐十一年（1413）撤思州、思南宣慰司，设铜仁、思南、石阡、乌罗4府，并划归新建的贵州省管辖。清代铜仁建置无变化。民国建立后，曾经有过7次变化，直到民国三十二年（1943）2月，全省改设6个行政督察区，其中第6督察专员公署驻铜仁，辖铜仁、江口、玉屏等9县。至此，建置基本固定。中华人民共和国成立后，1950年1月12日铜仁全境解放，设铜仁专区，专员公署驻铜仁县，辖铜仁、江口、玉屏等9县。1979年1月正式设立铜仁地区行政公署，行署驻铜仁县，下辖铜仁、江口、印江、石阡、思南、德江、沿河、玉屏、松桃、万山9县1特区。1987年国务院批准撤销铜仁县，设立县级铜仁市，原行政区域不变，铜仁地区建制变为8县1市1特区。2011年10月22日，国务院批复同意撤销铜仁地区设立地级铜仁市，开启了铜仁发展新篇章。

自然资源丰腴富饶

地处贵州东大门的铜仁因山而兴、因水而盛、因物而名，在铜仁1.8万平方公里青山绿水间，既有雄奇险峻的梵净山、佛顶山，也有气象万千的乌江山峡、百里锦江，还有星罗棋布的溶洞飞瀑、天赐温泉。全市水资源、矿产资源丰富，目前已形成以锰矿、煤矿开发和金属锰、铁合金、工业硅生产为主的原材料工业体系。辖区内有野生动物400余种，列为国家一级保护动物的有黔金丝猴等6种，二级保护动物有大鲵、黑熊、黑叶猴等29种。有以被称为植物“活化石”的珙桐、珍稀的贵州紫薇以及梵净山冷杉等为代表的木本野生植物资源600余种。有以天麻、杜仲、银杏、金银花等为代表的药用植物2000多种。

旅游资源独特多姿

独特的地理风貌、优美纯净的自然风光、淳朴的民族风情，使铜仁铸就了“梵天净土·桃源铜仁”的品牌形象。其生态文化、佛教文化、民族文化、红色文化，内涵丰富，独具特色，与武陵山脉主峰梵净山和穿境而过的乌江、锦江，合称“一山两江四文化”。全市现有国家级自然保护区3个，国家级风景名胜区3个，省级风景名胜区9个，国家矿山公园1个，国家级喀斯特地质公园1个。

梵净山是联合国人与自然保护区网成员，是五大佛教名山之一，植被丰茂、风光秀美、清幽静谧，森林覆盖率高达98%，被中国气象学会命名为“中国天然氧吧”。2018年7月，在巴林王国首都麦纳麦举行的第42届世界遗产大会上，联合国教科文组织世界遗产委员会审议通过将梵净山列入世界遗产名录的提议。梵净山成为中国第53处世界遗产和第13处世界自然遗产。黔金丝猴、大鲵、珙桐等众多珍稀濒危动植物在这里繁衍生息，有“动植物基因库”之称。

乌江穿越石阡、思南、德江、沿河四县，形成“百里乌江画廊”。被誉为戏剧“活化石”的傩戏，古朴神韵的苗家四面鼓、土家摆手舞、侗族大歌，惊险绝伦的苗族绝技绝活，是中华民族文化瑰宝。

黔货出山铜仁先行

铜仁市丰富的光、热、水、土资源，复杂的地形地貌，为多种生物的共存和发展提供了条件。目前，铜仁已形成以茶、油茶、食用菌、生猪、禽蛋和中药材为主的绿色产业体系，打响了“梵净山珍·健康养生”农产品品牌。

植物食材资源主要有水稻、玉米、红薯、马铃薯、荞麦等粮食作物，油菜、油茶、珍珠花生等油料作物，茶叶、蔬菜、水果、烟草等经济作物，还有水芹菜、马齿苋、蕨菜、鱼腥草、蒲公英、鸭脚板和猕猴桃、刺梨、红籽、乌泡、牛奶奶、拐枣、八月瓜等几十种各具丰富营养和独特养生功效的野生菜品和果品。

在动物资源方面，水生动物以鱼类最广，种属最多的有鲤科、鲍科、鲿科，爬行动物有鳖、龟等，软体动物有蚌、螺等，节肢动物有日本沼虾、秀丽白虾等，近年又引进并养殖俄罗斯鲟等冷水鱼类和大闸蟹、澳洲龙虾等种类。饲养家畜以猪、牛、羊为主，也有少量马、驴、兔等，贵州白山羊、思南黄牛、江口萝卜猪等都是优良的地方品种；饲养家禽以鸡、鸭为主，也有少量的鹅、鸽等，近年来，又开始注重山鸡、蓝孔雀等野禽、珍禽的饲养。

苏州
味道
人间天堂·食在姑苏
FANJING MOUNTAIN
MEETS
TAIHU LAKE

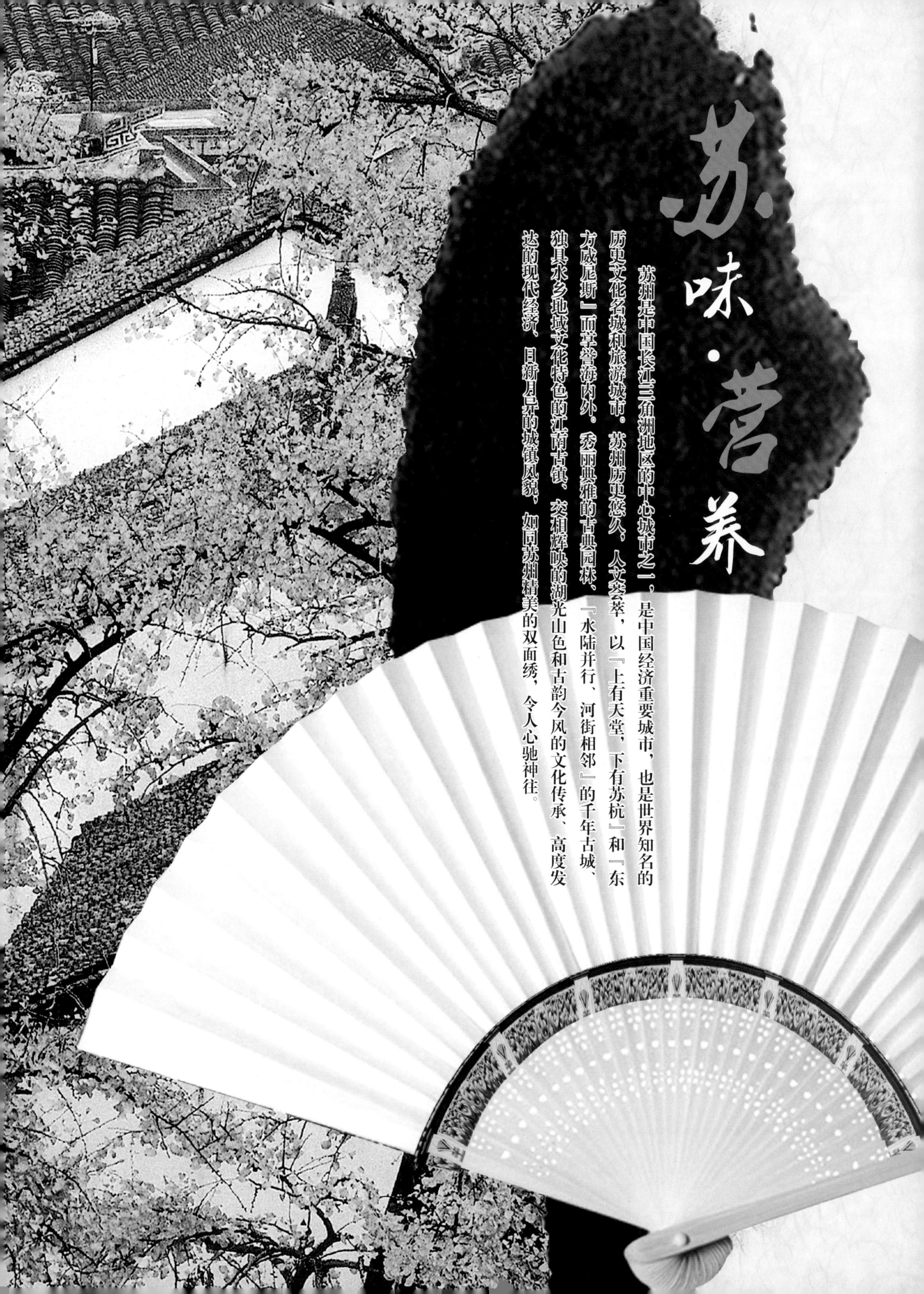

苏味·营养

苏州是中国长江三角洲地区的中心城市之一，是中国经济重要城市，也是世界知名的历史文化名城和旅游城市。苏州历史悠久，人文荟萃，以『上有天堂，下有苏杭』和『东方威尼斯』而享誉海内外。秀丽典雅的古典园林、『水陆并行、河街相邻』的千年古城、独具水乡地域文化特色的江南古镇、交相辉映的湖光山色和古韵今风的文化传承、高度发达的现代经济、日新月异的城镇风貌，如同苏州精美的双面绣，令人心驰神往。

崇文、融和、创新、致远的城市精神

苏州的味道，自战国时代《楚辞》中写了一款“吴羹”后，便算是有了品牌和名分。当西汉《史记》说“饭稻羹鱼”时，吴地（吴亡后归越楚）的生态、物产和饮食特色，便有点名声鹊起的样子。吴地苏州以一个区域性的吴文化为底蕴，浸润出一方“苏州味道”。

天时地利，气候山水，形成了苏州的物产；悠悠岁月，历史人文，铸就了苏州的文化。许多人说，苏州的饮食就像苏州的园林一样，如画如诗；又像昆曲一样，有韵有味。这样的表述，无不是在说苏州饮食之味，可观可赏，可读可感。“苏味”的形成，是在时间的锤打和历史的淬炼中形成的。

从“断发文身”的吴地开发，到春秋争霸的烽火硝烟，苏州是“吴王好剑客，百姓多疮瘢”，全民“尚武”。无论是《孙子兵法》的论述，还是“把吴钩看了”的抒怀，都反映了那时的苏州有着最利的宝剑、最猛的勇士、最优秀的将领、最先进的军事理论以及江东百姓的壮怀激昂。只是时间如绣娘手中的彩丝，让尘世有千般变化。经历了永嘉之乱、唐末之乱、靖康之变三次导致北方人口南迁的战乱之后，苏州接纳了更多的文化因子，由此脱胎换骨进而转向“崇文”。

苏州人经历了金戈铁马之后，纵情诗书，悠然淡泊。数千年来，苏州积淀了“崇文、融和、创新、致远”的城市精神，不断进取、不断探索、不断吸收新的优良元素、不断推进苏州发展，不断提升苏州的发展状态。在许多人的眼中和许多诗里，江南苏州山温水柔，似乎“文”更加符合苏州的形象和个性。这其中，苏州的饮食伴着苏州数千年的阅世和慧心，酝酿出一番醇厚的风华。

饮食与保健成为生活自觉

苏州味道是清雅的，含着隽永的滋味，以雅致的形态，追随着时间的节奏，缓缓地流淌出吴地风味。苏州饮食中关于保健营养的一些习惯，既有重视整体饮食保健的大格局，亦有关注饮食细节的小心思。

吃什么？除了味道之外，对身体有什么保养的作用，常是苏味中重要的无形要求。人们还不知碳水化合物、蛋白质、脂肪、维生素、矿物质、微量元素等现代营养概念的时候，国人就遵循“食药同源”的传统，以食当“药”来调节身体。季节变化所伴随的风、寒、暑、湿、燥、热六邪，会引起身体的不良反应甚至使人生病。苏州地区四季分明，一年中变化明

显，饮食保健既是需要，也成为常态。某些食物有相应的保健功效，可以应对六邪来保护人们的身体。燥则润之、热则凉之，冬瓜、萝卜、鸡头米……无数食物的“食效”在日常生活中润物无声。这种对饮食与保健的认识与行为，久而久之成为苏州人的饮食观念和自觉。

时与食体现着饮食的自然观

人与自然的和谐，有一种表达是春生、夏长、秋收、冬藏。食物生产（无论是种植还是养殖）会循着这样的自然条件，成为一种规律。人们在有规律的气候变迁与节气、时令更替中，调节着饮食的内容。苏州饮食“好食时鲜”“不时不食”，因为，每一个时间段的物产，都会有其品质的特性。苏州总是急吼吼地抢着每一个节令的时新时鲜，少了平时那份温文与淡定。然而口中之味，实在让人难以割舍，也许这就是“食为天”的那份尘世情缘。在“新鲜”这个饮食概念中，“应时”是其中的一层含义。失却了时间的对应，人与自然多少就有了隔阂，食与养也总会有些距离。许多人称这种应时的饮食习惯，是苏州的矫情；用另一个方式表达，那是苏州的奢华。以自然为度的“时尚”，必须以超越人为为准则。那份挑剔，只在苏州。

不时不食、佳肴迭出的二十四节气

在苏州，十二个月中的二十四节气，引领着“善吃、会吃、懂吃”的全民习俗。

一月食：腊八粥、八宝饭、桂花糖年糕、鲢鱼、草莓；

二月食：撑腰糕、酒酿圆子、春卷、冬笋、水芹、韭菜、青鱼；

三月食：青团子、酒酿饼、芦蒿、金花菜、荠菜、马兰头、长江刀鱼、长江鲥鱼、鳜鱼、螺蛳、碧螺春；

四月食：腌笃鲜、酱汁肉、塘鳢鱼、甲鱼、长江凤尾鱼、香椿头、枸杞头、春笋、莼菜、茭白；

五月食：松花团子、乌米团子、神仙糕、咸鸭蛋、白玉枇杷、苋菜、蚕豆、蒜苗；

六月食：三虾面、枫镇大肉面、炒肉馅团子、河虾、桑葚、洞庭杨梅；

七月食：荷叶粉蒸肉、六月黄、白鱼、黄鳝、翠冠梨、酸梅汤；

八月食：鸡头米、绿豆汤、鳊鱼、马眼枣、黄桃；

九月食：桂花糖芋艿、桂花板栗、鲜肉月饼、银鱼、鳗鱼、莲藕、红菱；

十月食：重阳糕、大闸蟹、鲃鱼、长江中华绒蟹、长江花鲢鱼、慈姑、洞庭橘子；

十一月食：藏书羊肉、蜜汁酱方、鲫鱼、水芹、雪里蕻、冬笋、荸荠；

十二月食：冬酿酒、冬至团子、腌肉、草鱼。

丰富与结构奠定饮食的均衡

得益于温润的气候条件，苏州物产四季纷呈，随季候而变。苏州山水形胜，陆生蔬菜、水生蔬菜、茶果蕈蕨、水产禽畜均有所出。地域上依海枕江蕴湖，江海河鲜尽有，鱼米之乡的桂冠自古有之。明代王鏊编纂的《姑苏志》称："率五日而更一品（大约每五天换一种）"。丰富的食材是均衡营养的基础，日常的苏州餐桌上便有了多元的选择、有了饮食结构、有了合理搭配，均衡营养自然不在话下。当然，这一切离不开苏州那份对于饮食的关切，那份与自然息息相关的生活节奏。如今开放的市场，更让苏州的餐桌多了许多选择，丰富了均衡饮食的内容。

技艺与营养相辅成保健之质

"苏帮菜烹制技艺"让苏州的菜肴有了精致、有了形态、有了色调、有了品质，还推进了饮食中营养的提升。当"低温烹饪"一说流行于现代饮食时，善于运用"炖、焖、煨、焐"的苏州烹饪，顿时心领神会，传统的小火慢煨，不就是在沸点以下的烹饪"低温区"吗？通过慢煨既让食材中的可溶性物质适当析出，使汤清而味醇；又很好地保留了食材原料固有的营养物质，且使食物酥而不烂，便于咀嚼和吸收。以往，人们更多的是从饮食风味来说，现在，可以引入现代烹饪理论，进一步认识苏州传统烹饪技艺中的那些"暗合"，那些古今"穿越"，进一步厘清技艺与营养之间的关系。

以食为媒·携手共创

FANJING MOUNTAIN
MEETS
TAIHU LAKE

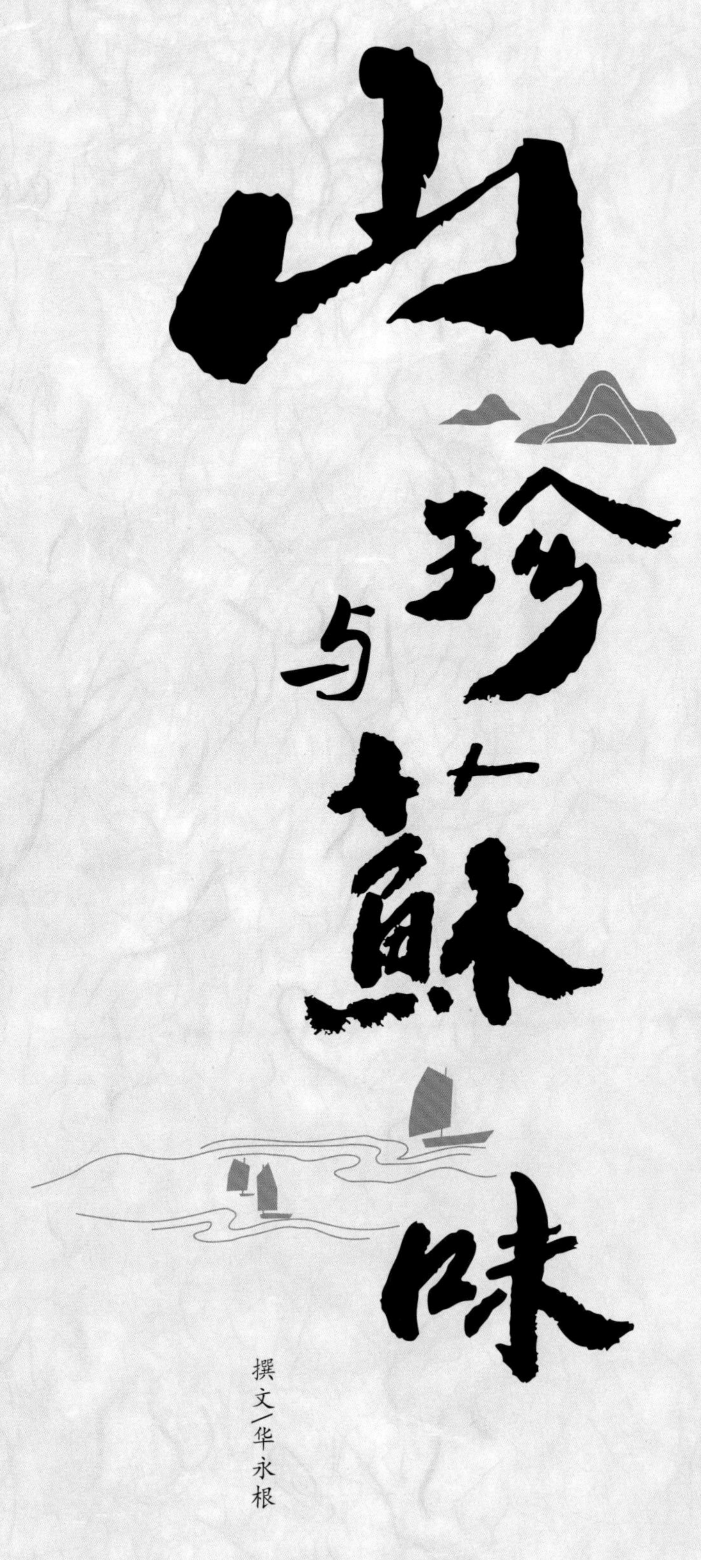

铜仁与苏州相隔数千里，因东西协作、对口帮扶而结缘。2018年，苏州市政府继续落实与铜仁市的各项结对帮扶工作，重视“精准”“落地”工作要求，同时，关注创新与突破，寻找新的帮扶之路。本着这样的精神，苏州市农业农村局、苏州市科学技术协会开创性地与社会团体协会形成专项帮扶项目，让帮扶工作与产业对接，与市场对接，使帮扶工作走向前沿。

苏州市烹饪协会以饱满的热情，充分发挥行业优势，组织一帮苏州名厨利用铜仁优质农副产品，创制出了两百多道美味佳肴，开发出十桌经典名宴，利用“铜仁农产品推介会”人气优势，与广大消费者见面并组织大家现场尝吃，百姓拍手叫好，称看得见、吃得着又买得起。这次推介会大获成功。

苏州大厨们为这次推介会先后多次实地考察铜仁的山货、水产、禽类、蔬果、菌类等，挑选几十种适合苏州人口味的优质食材，引进到苏城。大厨们利用“苏帮菜”炖、焖、煨、焐等烹调技法，“因材施技”，结合当下流行烹调做法，反复研制口味、装盆、形式，逐步形成这些名菜、名点，并将其推向市场。

在苏州菜的制作上，大厨们一直信奉保留菜的本味，注重原汁原味，吃得时鲜，不时不食。受吴地文化影响，苏州人在吃上也讲究营养，推崇“医食同源”养生。清代袁枚在《随园食单》中表述，制作一桌好的饭菜，六成烹调，四成归功于采办到好的食材。可见历朝到现在，食材优质是做好菜肴的先决条件。

贵州铜仁山川秀丽、气候宜人，有许多

绿色原生态农副产品，由于区域、交通、信息等还未得到大幅度开发，这些优质食材难以广泛输出。而苏州餐饮市场对食材需求量日益扩大，全年餐饮年营业额已超过七百亿元，且每年均以百分比两位数的幅度不断增长。在当下的苏城餐饮市场，人们要求“吃得好”“吃得健康”，迫使餐饮企业不断寻觅天然、绿色食材。铜仁地区的许多农副产品得天地精华，是不可多得的绿色、健康的好食材。随着黔货出山的步伐不断加快，两地优势互补，苏州餐饮市场上的产品将不断丰富，造就出欣欣向荣的局面，同时也促使铜仁地区种植、饲养等业态深入发展，农业、服务经济总量不断增加，百姓收入也随之“水涨船高”。

在这次推介交流活动中，苏、铜双方对结对帮扶、黔货出山都有了新的认识。目前“山货”在苏州市场仍有一定的价格差异，在服务、交通、信息沟通、宣传等方面还有一些缺陷，还需不断加强政策的帮扶力度，加快两地企业的转型升级步伐，跟上市场发展节奏，满足广大消费者的需求。除此以外，相关各级部门还需加强服务意识，全心全意把帮扶工作落到实处，抓好每一个细节工作。在餐饮行业内倡导更多的志愿者去铜仁服务帮扶，倡导企业家对铜仁地区在医疗、教育、贫困人口的生活改善等方面多伸出援助之手。苏州广大餐饮企业仍需充分利用好铜仁优质食材，开发出更多的适合苏州百姓及来苏旅游者口味的佳肴美点。在相对成熟的基础上开发出一批以铜仁食材为主的旅游土特产 、苏式卤菜、苏式美点等产品，并使其逐步走向市场。铜仁的山货开发具有巨大潜力，市场前景看好。

黔货出山的“集结号”已吹响，“东进序曲”的步伐已迈开。

新一轮的对口帮扶工作如火如荼，当梵净山遇见太湖水的时候，山珍与苏味定能完美结合，开出绚丽的花，结出丰美的果。

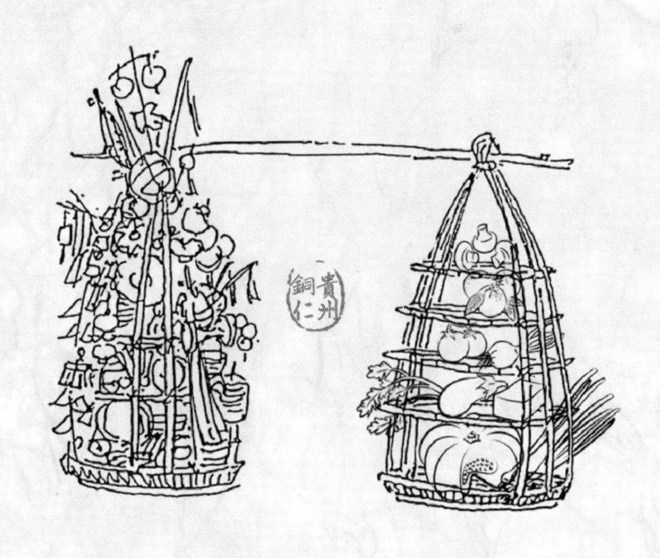

铜货出山对上口

撰文/金洪男

自2013年，党中央、国务院明确江苏省苏州市对口帮扶贵州省铜仁市的任务以来，一次次优异的成绩都生动展现出苏铜扶贫协作各项举措已落地生根、开花结果，两地走出了一条互惠互利、共赢发展的协作之路。

2018年在苏州市举办的“黔货出山暨铜仁农产品资源推介会”中，苏州市烹饪协会引进铜仁当地的食材并结合苏州菜的特色进行开发和研究，共研发出了200多道创新菜。这些创新菜经过专家和苏州市民的品尝，都获得了较高的评价。这充分证明了在“苏州市对口帮扶贵州铜仁市”的过程中农产品对接方面的可行性和正确性。

铜仁当地的农产品具有多样性和特色性，种类丰富，品质优良，较苏州的有过之而无不及。且在多次赴铜仁的考察中，苏州考察组看到黔地的农产品都是绝对的绿色产品，认为黔地的养殖业和种植业发展前景良好。

美食与食材从来都是密不可分，有好的食材才能有好的菜品。充分利用贵州的食材和苏州大师的烹饪技术推出一些创新菜，从社会意义上来说，一方面是对贵州铜仁经济发展的支持，是落实国家精准扶贫的要求，另一方面也是实现两地联动双赢、共同发展的有效举措。

毫无疑问，这对推动食品产业高质量发展，满足市场需求，繁荣市场经济来说，也有着积极的意义，可以说是经济美食两不误。

苏、铜两地协作“黔货出山”的种种成绩，不仅仅是展现了苏州对铜仁人民深切关心的“精准帮扶”成果。从苏州烹饪餐饮行业来说，对各地的食材都应持开放包容的态度，尤其是铜仁当地的优质食材，正是这个市场所需要的。引进这样的优质食材，是对苏州烹饪餐饮行业“软实力”的一种增强。

在政府“搭台”、企业“唱戏”的背景下，苏、黔双方一直不断深入交流，加强联合。两地市场之间构架起一条绿色健康的通道，使得两地市场的血液新鲜活络起来。贵州农产品在苏州市场的销售份额扩大是其一，还弥补了我市农产品市场缺额，缓解了我市产品资源少与市场需求大之间的矛盾，满足了市民日常生活的多样化需求，具有很强的市场互补性。

如此一来，苏州市场本身的多样性、丰富性、包容性、强大性都能得到有效提升。这是一种协作共赢的结果，希望今后两地挖掘多层次、多渠道、多形式的合作，积极探索更多的两地市场需求。

此外，引进贵州当地的优质食材，通过苏州烹饪大师的烹饪技艺制作苏帮菜宴，再通过苏州媒体和业内人士的宣传报道，不仅是对贵州农产品魅力及知名度的展示和提升，也是对苏州烹饪大师们的一种考验与锻炼。在两地食材具有一定差异性的前提下，如何充分发挥出贵州当地食材的优势，与苏帮菜传统的烹饪技艺相结合，制作出更上一层楼的苏帮菜肴，我认为这是一个值得研究并有意思的课题。

2018年是我国改革开放的第四十年，过去一年里，苏州烹饪餐饮行业在“苏州市对口帮扶贵州铜仁市”过程中所做的努力与获得的成果，表明我们跟上了国家改革开放的步伐。在未来的时间里，苏、铜两地将继续深入合作，共谋发展，携手前进。“黔货出山”将大有可为，一路畅行。

探寻：精准的接口

——贵州省农委畜牧兽医局赴苏考察记

撰文/唐劲松

莺飞草长、百花流芳的四月，苏州迎来了春的新貌。在春日的人群里，有一队匆匆的行人，他们是贵州省农委组织的赴苏考察组，是苏州市烹饪协会、苏州市面业小吃协会迎来的贵州宾客。4月13日，在贵州省农委畜牧兽医局张元鑫局长带领下，贵州农委考察组在苏州开展了为期两天的『黔货出山』考察活动。

社会经济的发展和良好的生活环境，使古城苏州成为一个具有超千万人口的城市。苏州的饮食，既有千年传承的饮食文化，也有随着时代发展而创新融合的各派美食。八大菜系、中外风味，大餐小吃、宴会小聚，多元融合，美食充盈着苏州人的生活。

美食需要有良材，良材是美味的基础。贵州的大山里，有着丰富而独特的优良食材。将贵州优质畜牧产品引入苏城，实现产品对接、产销延伸、合作共赢，正是贵州农委考察组此行的目的，也是多渠道寻找铜仁与苏州结对帮扶新方式的双向探寻。

为使考察组了解苏州的饮食文化、市场情况，苏州市烹饪协会和苏州市面业小吃协会，安排考察组考察了中华老字号朱鸿兴面馆、中华老字号杜三珍餐饮管理有限公司和善正鑫木（新梅华）餐饮管理有限公司。

“苏式汤面”是苏州一天最早的味道。苏州的面有着独特的制作技艺（苏式汤面制作技艺已是苏州市“非遗”技艺），蕴含着悠久的饮食文化。吃一碗头汤面，那是苏州人的一份喜悦。丰富多样的“浇头”，形成了不同的汤面品种。2018年，在评选“苏州十碗面”的过程中，苏州展示了518碗（种）苏式汤面，并成为一项世界纪录。苏式汤面的浇头中，有禽、畜、水产、菌菇、山笋、腌菜等多种食材。苏州的小吃也是丰富多样，制作精美。小吃馅料也能海纳百川，咸甜结合、芬芳有韵。汤面与小吃是苏州日常生活的重要消费食品，也是苏州饮食消费中最普通的食品，这有点大象无形的意思。在对朱鸿兴面馆的考察中，一席“苏式早茶”，呈现了让人穿越古今的精美。一两粉做成十只烧卖皮，更呈现了让人叹服的技艺。

苏州杜三珍是一家以制作、销售“苏式卤菜”为主要业务的餐饮企业。连锁门店近200家，年产值超亿元。贵州考察组参观了杜三珍的生产车间和门店，并在杜三珍总部品鉴了苏式卤菜，了解其特色与风味。考察组成员品尝、讨论、沟通，一款款由禽畜食材制作的苏式卤菜，拨动着考察组对于贵州优质食材千里跨越的期待之心。考察组还了解了杜三珍通过自主研发设计的独特现代烹制设备，建立多功能检测实验室、十万级无尘车间、充氮保鲜包装袋等满足现代消费需求和食品生产要求的情况。

贵州考察组来到善正鑫木（新梅华）餐饮管理有限公司的中心厨房考察。新梅华品牌创立至今已有30多年，是一家随着改革开放发展起来的民营企业。新梅华以“两手抓”的方式，一手抓住传承苏州传统制作技艺和风味，在传承的基础上不断提升，一手抓住现代餐饮、满足新生代人群消费需求。以多品牌定位、多业态经营、差异发展为特点入驻商圈。目前，拥有新梅华、江南雅厨、茶点等9个餐饮品牌，直营连锁门店40多家，年销售额超亿

元。考察组在中心厨房了解了用鸡、鹅等食材制作的风味食品及销售情况。

实地考察结束后，苏州市烹饪协会、苏州市面业小吃协会安排考察组在苏州会议中心进行座谈。

张元鑫局长首先介绍了贵州省畜牧业发展情况、优良的生态条件。贵州省因独特的环境，存留了许多优质禽畜品种，近年来扶贫政策得到落实，畜牧业生产规模不断扩大，同时也出现了销售瓶颈。因而，这次来苏，就是希望与苏州餐饮行业搭建起合作平台，让优质食材满足苏州美食需求；也让“黔牧”能够走出大山，得以产销对接。贵州省畜禽遗传资源管理站杨忠诚站长介绍了贵州优质禽畜资源和结构；贵州省动物卫生监督所杨启林所长，就加快苏铜对口帮扶项目落地提出建议，希望能够创新一种“禽和菜、短平快”的方式，进一步解决市场销售问题，帮助产业招商引资、招才引智。郭小江、刘健、向钧、金杰、洪业华结合自身从事禽畜养殖业的经历，分别介绍了各自的产业情况以及发展愿景。

苏州市面业小吃协会会长俞水林简要介绍了苏州餐饮情况。苏州杜三珍餐饮有限公司总经理周斌、苏州鑫花溪餐饮管理有限公司董事长钟贵玲、苏州浮生食记餐饮策划管理有限公司董事长朱镕、苏州鼎盛鲜小吃总经理卓佳伟、苏州震源餐饮管理公司总经理林波等与会企业家，分别就餐饮、食品在发展中，对于食材需求、产品特点、品牌构建、体系建设、市场营销、产销对接等方面的认识，交流了各自体会。

张元鑫局长在考察总结中说道：此次赴苏考察深受启发，贵州农业之前注重养殖这方面，对于市场的研究和认识还不够，没有做好与市场的对接。做好宣传与营销就相当于向市场出拳，打造属于贵州农牧业的产业体系。在食材与消费两头，黔、苏双方都有各自的需求，因此，要共同消灭痛点、共同占领制高点、共同找到产销结合的落脚点。

了解：大山中的寻访

——苏州市面业小吃协会赴黔考察记

撰文/唐劲松

苏州的水是柔缓的、平静的，似苏州温文的性格。这是她的外表，她的内部并不少热情与执着。贵州大山那边的歌声，已经回响在太湖边的苏城。几个月来，苏州市烹饪协会、苏州市面业小吃协会不时地思考着山珍与苏味的牵手。

山，气魄雄伟，绵延磅礴。在游客的眼中，这是一处“真山、真水、真情”的旅游胜地。

去大山看看，去实地走走。行千里路，一定会有新的感受。2018年10月26日，苏州市面业小吃协会在会长俞水林、常务副会长肖伟民的带队下，一行9人开始了为期5天的贵州考察之行。

关于贵州，俗谚称：“天无三日晴，地无三尺平。”贵州是一个没有平原的省份。崇山中稍平一些的地方，称为“坝子”，那是城市、村镇的集聚地。山，气魄雄伟，绵延磅礴。在游客的眼中，这是一处“真山、真水、真情”的旅游胜地。而苏州考察组一行，只能透过车窗领略贵州风光。5天时间里，住在平原上的这队苏州考察员，在贵州山峦中匆忙的行程有2400多公里，先后途经贵阳市、遵义市、铜仁市、安顺市。计划中所要实地走访的地方，一个也没落下。在贵州省农委遗传资源保护站站长杨忠诚的全程陪同下，苏州考察组考察了贵阳数字化禽蛋配送中心、遵义习水黔北麻羊中央工厂、凤冈县地方牛培育中心、铜仁市野鸭苗王湖养殖基地及加工中心、铜仁市松桃县黑毛猪养殖基地、安顺市经济生态养鸡农场、徐水螃蟹养殖基地。

随着走访的进行，苏州考察组对贵州农业产业发展有了新的认识。

组织化推动了产能提升。在贵州省政府和铜仁等地方政府的领导与推动下，农产品生产通过合作化、专业化方式开展，产能发展空间巨大。龙头企业发挥了引领与骨干作用，保障了农产品的产业化提升发展。

生态环境成为品质名片。全面的生态保护工作和原生态的自然环境，为贵州农产品提供

了良好的生产发展空间。生态化养殖等方式，保障了畜禽的品质。独特的原产地物产，展现了贵州丰富、优良的食材资源。

现代化手段已初步实现。农业企业借助现代化手段生产与经营，有利于助推产业做大做强。为可持续发展提供了后劲，也为其进入更广阔的市场，奠定了基础。

考察参观活动结束后，苏、黔双方在铜仁市青旅国际大酒店举行了座谈会。黔方分别详细介绍了当地农产品的多样性和特色。与会代表也各自详细推介了优质农产品的品种培育和扩大发展的具体运作方式，期望能把好的产品推销出去，积极寻求产销合作伙伴。“走出大山！”这是贵州与会者的心声，让苏州考察组深深体会到了贵州省政府、政府职能部门和农业产业企业在贵州农业产业发展、脱贫致富工作中的殷殷期待和迫切心愿。

建言！苏州市烹饪协会、苏州市面业小吃协会是社会团体组织，在苏州餐饮行业有一定的社会基础，有着烹饪技艺的专业能力，有着联系餐饮市场的平台和窗口。饮食需要食材，引入新的食材，探索新的菜品，也是苏帮菜、苏州餐饮可持续发展的客观需要。因而，苏州考察组提出建议，先选择几个具体农产品品种到苏州，通过苏州烹饪大师的烹饪技艺，制作以黔贵食材为主的苏帮菜宴，通过展示和宣传，来提升苏州餐饮消费市场对于黔贵食材的认知度，提高贵州农产品的知名度。这样，有利于贵州农产品通过与苏州餐饮的对接，为下一步扩大市场、探索发展路径积累经验。

这一建议得到了黔、苏与会者的一致认可。苏州市面业小吃协会的这次考察，也在匆匆的行程中，初绽蓓蕾。

山 野 珍 馐 · 出 山 入 世

FANJING MOUNTAIN
MEETS
TAIHU LAKE

梵天净土跑山鸡

撰文／若三

跑山鸡是一个鸡的品种，还是一种养殖的方式，到如今还不能完全清楚，真有点不好意思。只是更愿意认为，这是一种养殖方式。这种养殖方式的鸡更接近自然，也更具有『野性』。有人说，跑山鸡就是那种会飞的野鸡，那就更好了。

物质短缺的年代，一年中能吃上鸡肉，必到逢年过节的时候，那是相当的隆重。现如今，有点无鸡不成宴的形势，鸡成了日常的普通食物。改革开放推动了经济的发展，让物质丰富起来，也让人们的饮食日益丰盛。

鸡是最普通的一种禽类。小时候就知道，那芦花鸡，体型不大，像个球，短腿，大人说能产蛋。这只鸡能为家里带来利益，于是，人们对披着黑白相间羽毛的土鸡，就有点恭敬起来。后来，有了土鸡与洋鸡的区别，洋鸡体型大，全身白毛，好像叫作白勒克，不知从哪国来的。后来还知道一些苏州周边的土鸡品种，如狼山鸡、三黄鸡，以及乌骨鸡等。苏州人进入夏天好吃童子鸡，所以，也就有了下过蛋的老母鸡和只会大嗓门叫的大公鸡的概念区分。

现代生活多姿多彩，其中有种状态还得了个专有名字，称为“宅”。现在的鸡，也有“宅”的，只是那种受限不是它们自愿的。“宅鸡”指的是待在小小鸡笼里的工厂化养殖的鸡，当然，这样的鸡也就有了“工厂化”的风味。

为了保障供给，扩大饲养规模是需要的。不同的饲养方式，造就了鸡的不同风味。相对于“宅鸡”，跑山鸡可自由了，也多了几分山野的味道。

贵州是一个多山的省份，梵净山就在铜仁境内，是武陵山脉的最高峰。长江上游最大的支流乌江，绕在梵净山下。山高谷深，这里的鸡跑山，要有一副好身板。因此，铜仁的跑山鸡胴体丰满，肉质细嫩，有弹性，鲜香味浓郁，富有浓厚的野味特点。能够满山跑的鸡，当然是有野味的。

一大群鸡放入山野，需要的时候如何抓住？养殖者说：“山家自有山家法。”一来跑山鸡也都是驯化的家鸡，会有归巢性；再是有一定量饲料的引诱，鸡在美食面前也无法抗拒。所以，跑上山的鸡，还是有把握让它们回来。至于投喂饲料，一般都在傍晚鸡归巢时喂，这样就不怕它不回来。

风味的形成，就在一天跑山的过程中。早晨，开舍出巢时是不喂食的，鸡会从山林草丛间寻觅获得食物，昆虫、小草、根茎、嫩叶、果粒，还有那些啄不完的泥土、沙粒，食物的丰富性与天然性，便会在鸡的体内积淀起山野的气息。阳光、山风、绿荫、土坑、溪水，大山中的一切都是跑山鸡独特风味的来源。

现代生活中，人们对于饮食的丰富与多样的需求，有赖于每一方水土，各方风味。让跑在山上的鸡，跑进消费大市场，这是养殖者的心愿，也是消费者的福音。

营养小贴士

跑山鸡中含有丰富的蛋白质、氨基酸、微量元素等各种营养素；适合免疫力低、脾胃虚弱的人群；常食可增强体质，提高免疫力。

天然野生绿头鸭

撰文／若三

野味，总是让人嘴馋的。野生的动植物必须面对自然界的千变万化，于是它们有了刚毅，有了韧性，有了质地。自然界的风雨雪霜、寒暑温湿，形成了野味独特的风味。因而，饮食方面，对着『野』的东西，总要高看一眼。

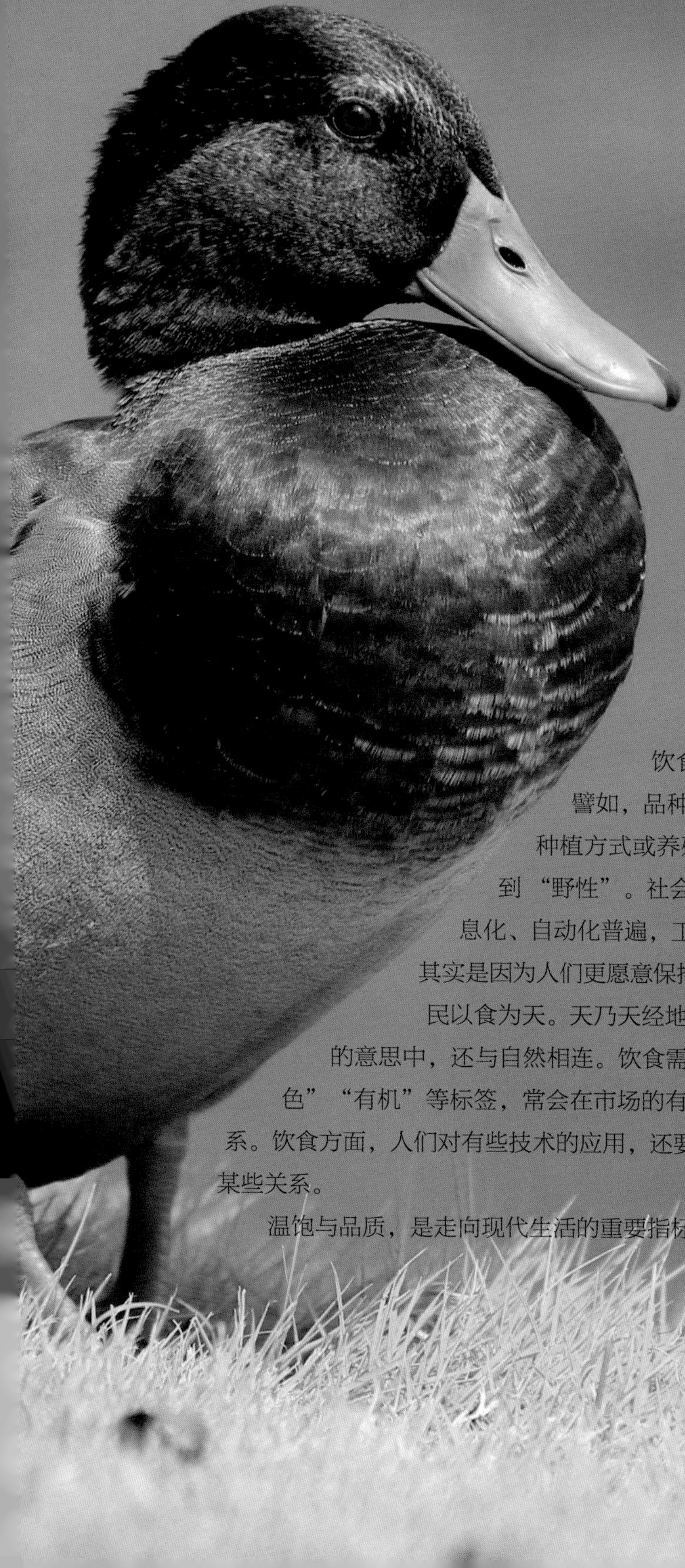

饮食对于食材的“野性”追求，涉及多个方面。譬如，品种方面的天然及保持情况，生长的环境与条件，种植方式或养殖方式，饲料的品种与结构，等等，都会影响到“野性”。社会发展进入到细可以至纳米，远可以达天穹，信息化、自动化普遍，工厂化遍及的现代，饮食的发展看似停滞不前，其实是因为人们更愿意保持那份自然之“野”。

民以食为天。天乃天经地义，生存离不开饮食，吃的权利是天授的。天的意思中，还与自然相连。饮食需要保持那份天然的纯净，因而，“生态”“绿色”“有机”等标签，常会在市场的有些食物上出现，以此表达食物与自然的生态关系。饮食方面，人们对有些技术的应用，还要求进行标注，如转基因等，用以反映与自然的某些关系。

温饱与品质，是走向现代生活的重要指标。然而，不能祈求所有的食物都是野生的。保护生态环境，保护野生动植物，是社会文明的重要标志。中国是一个人口大国、消费大国，也是一个大市场。运用人们所认识到的自然知识，以及掌握的技术手段，对野生动植物进行合理的种植、养殖（有相关证书），必要的驯化培育，更多地保留下那份“野性”，是可能与可行的。

绿头野鸭是候鸟，在野生条件下，秋天会南迁越冬，春后再飞向高纬度地区，因而，世界各地均有它的身影。我国长江流域各省或更南的地区，也是绿头野鸭的越冬地。随着生态环境的改变，以及受到人类经济活动的影响，加上人类无休止的狩猎，野生绿头野鸭的数量日渐减少。好在这绿头野鸭与家鸭之间，似乎还有那么一些血缘关系，为了保护野生的绿头野鸭，一些国家开始对野生的绿头野鸭进行家养驯化。我国也于20世纪80年代，经过引种、驯化及适应性检验等，培育出了自己的绿头野鸭品种。这里所说的绿头野鸭，便是这样的驯化鸭种。

虽然经过了驯养，但好动是绿头野鸭的天性。因而，它的肉质就比较紧实，肌肉纤维也比较细腻，于是就有了滑嫩的口感；而且油脂相对也会少一些（运动与减肥，似乎在动物界是相通的），少膻而香味更著。好动，正是绿头野鸭“野性”的体现，也由此促成了它的味之“野”。

有一句古诗中说到“楚王好细腰”，“细腰”如今成为大部分人的审美。于是，为了细腰，好多人都会对自己“狠”一点，宁可忽略一份“均衡营养”，也要控制着自己的饮食。即使不为细腰，越来越多的“三高”人群，对自己的嘴也只能“限量供应”。这又应了那句民间俗话：“靠着米囤挨饿。”

面对着人们对自己的“狠”，发掘与人们美好生活相对应的优质食材，也成为迫切的需求。西式的营养从构成食物的碳水化合物、脂质、蛋白质、维生素、无机盐（矿物质）和水来分析。中国人讲究食药同源，中式的营养从性味、归经、功效等方面来表述。中医认为，野鸭具有补中益气、消食和胃、利水解毒之功效。对于病后虚羸、食欲不振、水气浮肿有很好的效果，食之又可补心养阴、行水去热、清补心肺等，所以野鸭具有饮食保健和辅助医治的作用。这只绿头野鸭，或许是你久违的营养佳品。

苏州是江南水乡，也曾是鹅鸭的大产地。近年来，因生态需要、保护太湖，苏州大规模的禽类养殖，已是很少了，可人们的消费需求没有减少。生活中，酱鸭、卤鸭、母油鸭、盐水鸭等，还是少不得。至于那个来自唐代的“甫里鸭”，还有待绿头野鸭去会一会，“绿水池塘，笑看野鸭双飞过”。

“落霞与孤鹜齐飞，秋水共长天一色”（鹜，野鸭的一种），在铜仁也许看不到这样的场景，但铜仁不乏山水美景，不乏绿头野鸭的栖息地。

营养小贴士

野鸭富含人体必需的多种氨基酸，高蛋白低脂肪；常食可益气补虚，清热健脾；适合身体虚弱、营养不良之人食用。

珍馐美馔

黄牛肉

撰文/若三

有句成语叫“南橘北枳”，源于《晏子春秋》的“橘生淮南则为橘，生于淮北则为枳”一言。南与北是地理位置的不同，而相同的植物因地理环境的变化，其内质出现了差异。虽然，现代的人们可以通过科学技术的方式，来改善种植、养殖条件，从而生产出更多的优质物产，保障人们的消费需要。但生产技术的运用，也需要立足于优良的种植条件、生物品种。常说一方水土养一方人，那么，一方水土也必定会有一方物产。

材质影响着饮食的风味。对好食时鲜的苏州来说，这种认识就更加充分。对于食材，苏州真有点锱铢必较的样子。苏州的舌尖辨识率，像绣娘分析手中的彩丝，千变万化都可脉脉品鉴。一季的农作物，生长得最好的时间段也就这么几天，苏州总会以特有的牵挂，期待着最美好的一刻。好在有太湖的养育和宠爱，让苏州的物产如时而来。也让苏州日常之间的饮食，似一场隆重的品鉴。

苏州饮食注重本味。本味是基于食材本质的独特质感。食材质感是千差万别的，也形成了丰富多样的风味。只是，有些质感并不能让人在饮食中产生良好的感受。所以现实中，一些食材的采购，人们除了要询问产地之外，还要了解是不是大棚种植的、是不是工厂化养殖的、是不是放养的、养了多少天

等。因为，自然、放养的方式与工厂化种植、养殖方式之间，会产生影响食材的内质的差异。而在自然生产的条件下，风味的多样性、独特性则更加能够显现。

美好的品质需要稳定保持，这是产品、商品的品牌效应，也是人们生活的品质需求。为了寻求更加丰富而美好的生活，人们还有求新、求变的消费心理。因而，新产品不断涌现。大浪淘沙，那些优质的产品就会因让人留恋而得到传递。

思南黄牛，来自贵州铜仁，来自铜仁的大山。

思南黄牛的产区，位于黔东中山林农牧区的铜仁亚区和黔北中山峡谷林农牧区的正安亚区。地处四川、湖南、贵州三省交界处及云贵高原东斜坡向四川盆地、湘西丘陵的过渡地带。地势复杂，切割强烈，山高坡大，多为中山峡谷。境内梵净山一带海拔高达2000米以上。这里属于中亚热带季风湿润气候，具有春夏较长、秋冬较短、夏热冬暖等特点。年平均温度17.3摄氏度（苏州为15~17摄氏度）。年降雨量1168.5毫米。全年无云的晴天少，阴天多达212~300天，无霜期达280~300天，有利于农作物和牧草的生长。山高、草茂、温暖，思南黄牛种群就生活在这样的大山里，分布于贵州省的思南、石阡、沿河、务川、德江、道真、正安等地，是一个区域性的优质牛种。思南黄牛体质结实，肢蹄强健，善于爬山，适于山区耕作和放牧，有较好的挽力和肉用性能，商品率高。

“黄牛角、水牛角，大家各归各。”民谣讲出了苏州地区传统上只有水牛而无黄牛的情况。黄牛的肉质纤维细、脂肪有黄有白、肉含水较水牛少、肉色紫红、切口平整、牛肉味道香。水牛肉质纤维粗、脂肪少而白色、肉色暗红、肉松弛含水多、牛肉香味淡，烹调时不容易煮烂。因黄牛肉比水牛肉质地好，饮食中大都使用黄牛肉。

思南黄牛，从梵净山来到太湖边。跑惯大山的思南黄牛真的有其风范，肉中透出自然的山草气息。似乎飘渺的高山云雾、高旷的山与坡，让其肉质锻炼得更加细实紧致。独有的区域条件和放养的生产方式，自然与生态，透过肉香传递。如果要给思南黄牛贴一张标签，那一定是——肉香！这是从思南黄牛质地里透出的独特气息。上面费了很多笔墨写食材与风味、品质，就是要说，自然食材之珍贵。在工业化将更加普遍的时代里，原生态的东西会更加珍贵。因为，它们是唯一的，是稀缺的。

苏州的饮食结构中有牛肉，并且近年来牛肉消耗量还在逐年增加。对于不产牛的苏州，牛肉都是“外来的”。基于苏州崇尚美食的氛围，品质优良而独特的食材、食品，势必会成为日常的盘中之餐。

营养小贴士

黄牛肉高蛋白、低脂肪；常食有利于防止肥胖，对于预防动脉硬化、高血压和冠心病也有益处。

沿河山羊不要太鲜

撰文／若三

说到羊，总浮现出与草原相关的景象，那是一番『天苍苍，野茫茫，风吹草低见牛羊』的画面。苏州是江南水乡，更多的是与江湖、水稻、鱼虾连在一起，『饭稻羹鱼』的生活方式，被记载了数千年。而食羊，就很少被人提起。

其实，苏州人也喜欢吃羊肉，不仅能吃，还会吃。如藏书羊肉、双凤羊肉、桃源羊肉、东山羊肉等，苏州这么一个不大的区域，竟也出现了许多特色羊肉产品。这些羊肉产品，当然是以烹饪的风味来区分的，所以，谁说苏州不吃羊肉呢。苏州的羊肉产品，还从原料来划分，如藏书羊肉、双凤羊肉，用的都是山羊；桃源羊肉、东山羊肉，用的是湖羊——那是一个绵羊品种，是生长在太湖流域的绵羊。

藏书羊肉是苏州餐饮的一道风景。秋冬之后，在苏州城，以及周边的上海、无锡等地，都会飘出藏书羊肉那热腾腾的气息。在苏州木渎的山羊交易市场，每年活体山羊的交易量在12万头左右，那是一个不小的数目。苏州菜以精致著称，把羊身上的部件，分门别类地加以利用，并通过“苏帮菜”烹饪技艺，做出100多道菜肴来，冷菜、热菜、汤菜、点心等，应有尽有。“藏书全羊宴”成为苏州名宴，还被收录到《中国江苏名菜大典》中。现在还引入了烧烤类的制法，产品又在增加。由于苏州有羊肉的消费市场，也吸引了其他地方的羊肉店来到苏州，亦有点爱礼存羊的意思。如今，苏州的木渎（藏书羊肉原产地）、双凤两镇，被中国烹饪协会评为“中国羊肉美食之乡”，那是苏州的一张羊肉美食名片。

贵州的梵净山下，乌江中下游地区也有一张优质羊品种的名片。2013年，铜仁沿河土家族自治县畜牧产业发展办公室申报的“沿河山羊”，被国家工商总局商标局核准注册为中国国家地理标志证明商标。2017年9月，“沿河白山羊”荣获农业部颁发的农产品地理标志登记证书。一个优良的地方山羊品种，走出大山而闻名于世。

也许，真的是藏在深山人未识。沿河山羊是一个古老的山羊品种，已有2000多年的养殖史。在那个独特而复杂的地理环境中，沿河山羊在海拔为500~1200米的山谷、丘陵中跳跃，与山为伴，是大山之羊。在当地生态环境、生活要求影响下，经人们长期选育，沿河山羊形成了产肉性能好的优良特性。据介绍，沿河山羊干羊肉含蛋白质72.3%，其中赖氨酸的含量为8.7%，谷氨酸为16.61%，尤以谷氨酸含量高，有“味精羊肉”之誉。那是天然的鲜味，对好食羊肉的苏州而言，似乎又有了新发现。

营养小贴士

山羊含有大量高质量蛋白以及钙、铁、锌等微量元素；能满足人体代谢多种需要，常食可抵风寒，强壮身体，对贫血、体虚畏寒者都有益处。

回忆猪肉的风味

撰文/若三

猪与人有着不解之缘。传统农作物的种植，猪厩肥是重要的农家肥料，因而，猪是一种生产资料。同时，猪也是一种生活资料，是人们饮食中蛋白质、脂质及其他营养元素的重要来源。因为人们与猪有着最为密切的关系，古人造字时，把房屋中养着猪的情形，描述为『家』。在自给自足的农业社会中，许多东西需要通过自己种养而获得，所以，除了粮食、蔬果的种植之外，鸡、鸭、牛、羊、猪、犬、鱼等的饲养和收获，也是一个家庭生活兴旺的表现。

"肥"是好猪、好猪肉的衡量标准。曾几何时，"忽如一夜春风来"，人们开始用"瘦"来区分猪肉的好坏，瘦肉型的猪受到人们普遍的钟爱。真所谓"环肥燕瘦"，此一时彼一时，人们消费心理的变化，与经济、社会的发展程度相关联，也与人们对消费的认识相吻合。就生活而言，经济条件好了，饮食丰盛了，身体上也增加了"三高"，所以，饮食上有了低脂肪的要求。人们的生活方式多样，生活需求升向更高的层面，对"美"也就有了更多的要求。在时尚的影响下，"骨感"之美，也要求低脂。没办法，猪也只能小家碧玉一下，楚楚可怜一番。

这次，苏州的烹饪大师远足贵州，照例去菜市场走一走，看一看。见到一头肥壮的猪胴体，大师问："师傅，这头猪有多重？"师傅回答："450斤！"落地有声。大师伸手试了一下肥膘的厚度，大致三寸。好猪，羡慕，现在的苏州见不到这样的猪身，这样肥厚的膘。

猪肉的风味，是由猪肉非挥发性呈味物质，刺激舌面味觉神经末梢产生的滋味感觉；由猪肉挥发性呈味物质，刺激鼻腔嗅觉神经末梢产生的气息感觉。"肉在加热过程中瘦肉组织赋予肉类香味，而脂肪组织赋予肉制品特有风味，如果从各种肉中除去脂肪，则肉之香味是一致的没有差别。"风味，属于个性范畴，而独特的气息，是由脂肪在烹饪中降解成的各种醛类芳香物质而来。由于醛类的阈值低，因而，它既敏感，又易失去。可见，风味是饮食中最难把握，却又急需把握的东西。没有了风味，只是基本食物，而不能论作美食。

再说饮食与健康，猪的肥瘦与人们的健康是否真有必然的关系？没人确切地画过等号，因而，只能算是一个影响因素。"管住嘴，迈开腿"，健康的生活方式是由多因素决定的。饮食结构中，吃一点"好"猪肉，不等于就会给身体带来不良影响。《论语》有"子在齐闻《韶》，三月不知肉味"之句，说的是孔老夫子沉浸在美妙的音乐中，致使他对于其他方面有点置若枉然。现在，食物丰富，人们寻觅风味，只是对猪肉的看法，还需客观一点，全面一点，不要"一辈子"不知肉味！

大师回来说，吃到了以前的猪肉味，兴奋之情溢于言表："那个肥肉，脆脆的，没有油腻感。"

营养小贴士

黑猪肉中富含不饱和脂肪酸、胶原蛋白和维生素A；常食可提高人体免疫力，增强细胞活性，延缓机体衰老。

铜仁腊味

烟熏十足

撰文/吴王文化

腊味的历史，可谓源远流长，早在周朝的《周礼》《周易》中已有关于『肉甫』和『腊味』的记载。时至今日的川、湘、黔、赣、粤等地仍然保留着制作腊味的习惯。在贵州铜仁，腊肉、香肠是过年必备的一道『硬菜』。

秋腊肉

腊肉，是指肉经腌制后再经过烘烤或日光曝晒的加工品。通常是在农历腊月进行腌制，故称作“腊肉”。秋腊肉是铜仁的传统习俗腊味品，所谓“秋”在当地是指“熏”的意思。

岁末寒冬，当地家家户户开始准备腌制腊肉。过程一般分为“备料、腌渍、熏制”这三步。选用当地土猪肉，分割成三至四斤的长条状，按比例配置食盐、花椒、大茴、八角、桂皮、丁香等佐料，置入木质腌桶中沤制浸泡，待七至八天后佐料渗透至肉纤维里，再用绳将肉条串挂在通风的屋梁下、灶头上，让肉内的水分风干。熏制流程较关键，苗家有其特殊的腊肉熏制方法，通常用松柏枝、青冈木这类香气十足的树枝，不起大明火，在暗萎火中生烟，以缭绕的青烟慢慢熏烤风干肉，让柴火香气渗入肉中，二至三天功夫便熏制成。如在火炉旁熏烤时，往往会将松果、茶壳、橘皮等放入火中，这样，熏烤的腊肉会带着茶果香。

熏好的腊肉，瘦肉层红亮、绵密紧实，肥肉层透明闪亮。可以蒸、炖、炒、煨等多种方式烹饪，各式成品菜肥而不腻，如“折耳根炒腊肉”就是黔菜中的名肴。

熏香肠

说到腊肉不能不提香肠。制作香肠要先处理猪小肠，将小肠放入温水盆中去杂质、油脂，洗去肠壁淡黄色薄膜，用盐撒至肠内壁轻柔搓擦，洗净的小肠薄而透亮，更具韧性。

铜仁人灌香肠喜欢用夹缝肉或者坐臀肉，膘白皮厚，三分肥七分瘦，肉切成五至六厘米长条后绞碎，根据口味置入食盐、白酒、姜、蒜、花椒、橘皮等佐料，爱吃辣椒的可放些辣椒粉。调好味的肉馅料灌入洗净的肠衣内，每十公分打上一个结，扎结后再用针刺肠衣放掉多余的空气、水分，使肠中的肉馅更紧实。然后，将灌好的香肠挂在室外风干晾置，下一步骤的方法，与熏腊肉一样。

蒸是最常见的吃法，蒸熟的熏香肠，具有酒香、肉香、脂香、酱香。《舌尖上的中国》在《时间的味道》一集中曾说道：“这是盐的味道，山的味道，风的味道，阳光的味道，也是时间的味道，人情的味道。这些味道，已经在漫长的时光中和故土、乡亲、念旧、勤俭、坚忍等情感和信念混合在一起，才下舌尖，又上心间，让我们几乎分不清哪一个是滋味，哪一种是情怀。”

营养小贴士

腊肉、香肠风味独特，具有开胃、祛寒、消食等功效，但属于腌制食物，不宜过多食用，吃法以蒸煮最为适宜。

羊肚菌
这个鲜味有点『冷』

撰文/若三

菌菇类（食用菌）的产品，在很长一段时间是靠着『天』的，须从野外山林草原中获得，加上运输条件的限制，量当然不多，消费范围也有地域限制。所以，食用菌常被当作『山珍』之类，被人们珍视。食用菌中大部分属于担子菌亚门，常见的有香菇、草菇、蘑菇、木耳、银耳、猴头、竹荪、松茸、口蘑、红菇、灵芝、松露、白灵菇等；少数属于子囊菌亚门，其中有羊肚菌、马鞍菌、块菌等。据说，世界上食用菌种类有2000多种，真可谓是一个大家族。

食用菌在中国，更是一类“食药同源”的东西。《白蛇传》的故事中，就有白素贞为了许仙去偷盗灵芝仙草的传说。由此，也将灵芝的功效，提升到起死回生的地位。可以说，这是中国最有影响力的“商业广告”，其影响延续至今。当然，食用菌也确实具有相当的药用价值、营养价值，兼具养生保健与某些辅助治疗功效。随着科学技术的发展，食用菌除了成为食物，更被制成许多产品，满足多方面的需求。

饮食上，人们对羊肚菌的了解，还不如对黑木耳、香菇、银耳、蘑菇之类的常见菌菇那样熟悉。但它已经向我们走来，你会认识、会熟悉它。它会成为菜肴中的常客。你应该更加主动地去接受它。

羊肚菌，那是天地之赐，它的生成有必然性也有偶然性。要走入平常百姓家，保证可持续的供给，人工培育不失为一种可行的运作方法。虽说是人工，但羊肚菌栽培的成功与失败，还与环境条件及外界因素有关，特别是与温度、湿度、光照、空气、营养、土质、气候、栽培工艺、管理技术等都有密切的关系。专业技术下，自然条件还是会影响到羊肚菌的生长。所以，在羊肚菌的栽培上，人与自然的和谐有了另一种曲调。

羊肚菌的生长对光、温、湿、肥等都有其特定要求。“低温高湿”可概言羊肚菌的生长特性。如菌丝生长温度为21～24摄氏度；首核构成温度为16～21摄氏度；子实体构成与发育温度为 4.4～16摄氏度”。同时，还需要65%～85%的相对湿度。总之，羊肚菌的生长处在“冷湿”的环境里，如以人的体感而言，肯定会感到不舒服。只是，羊肚菌在自然界中，选择着自己的生存条件，这样弱弱的光线、湿湿的空气、低低的温度和多变的温差，更有利于它的生长。

海拔的高度降低了温度，山有云雨，林茂水丰，调节着温湿。得天独厚的自然条件，都会有一份惊艳的出产。

市场上，羊肚菌越来越多了，有新鲜的（保鲜的）和干货。干的羊肚菌经过了晾晒，干物质浓缩其中，味道也更加香醇。食用时，干的羊肚菌最好用45摄氏度左右的温水泡发，切不可用高温热水，否则会散香而使菇纤维老韧，影响口感；泡发羊肚菌的水，用量要适度，以刚刚浸过菇面为宜；二三十分钟后水变成酒红色，羊肚菌完全变软即可捞出洗净备用；而酒红色原汤经沉淀泥沙后，还可以用于烧菜、炖汤。这酒红色的“原汤”，融入了羊肚菌的原始味道。

1100多年前，我国已有人工栽培木耳的记载。人工栽培将不可多得的各类菌菇食品，带到了人们的餐桌上，丰富了人们的饮食品种。即便它们不是“仙草”，但也不可小觑它们的营养保健功效，更何况享受独特的风味是饮食的乐趣所在。

也许，羊肚菌带着一份冷艳，但烹饪的水与火，会将一份热情，融入它的网络状空间，使它充满温情。

营养小贴士

羊肚菌含高蛋白质，20种氨基酸，多种维生素及矿物质元素，被称为“菌中皇后”；多食可益肠胃、强身健体、抗肿瘤、抗病毒。

竹荪 餐桌上的『美』味

撰文／若三

菌菇类食品，已是人们饮食中的重要组成部分。从饮食结构上看，经常性地食用一些菌菇食品，对人们的健康是非常有益的。现在的市场上，菌菇产品丰富。新鲜的、保鲜的、干制品等琳琅满目，尽可随着人们的心意调配着吃。

苏州对于菌菇的认识，很有历史。清朝初期，苏州的吴林便撰写了一册关于菌菇的书，名为《吴蕈谱》。文中称：“吾苏郡城之西，诸山秀异，产蕈实繁。”蕈（xùn），是指生长在树林里或草地上的某些高等真菌，如香蕈、松蕈。蕈，也就是菌菇的总称，明代王鏊纂的《姑苏志》上说：“蕈即菌。”所说“产蕈实繁”，可见苏州蕈的品种还很多。苏州常熟虞山下望岳楼的“蕈油面”，就是用山中所产的松蕈（亦称糖蕈）熬油制作的，风味特殊，成为“苏式汤面”的著名品种。

菌菇的生长，有其独特的要求，有些是可遇而不可求的。需要在一定环境中，在相应的气候条件下，才能产生。《吴蕈谱》中说：“茅柴蕈产贞山、玉遮山，丛生茅柴中，菌质上下涓洁，莹白圆润，初如蕊珠，大则伞张，折作茜色，如桃花含露，稍久变深紫色，一名红褶蕈。味鲜美，柔脆，春夏俱有。”茅柴何处没有，但茅柴中要能生出如此美味的蕈来，还是有地理条件的限制。交通不便的话，品尝到那些生长在山中的菌菇，就显得更为珍贵，所以，菌菇之类有了“山珍”之名。

满汉全席中有“四八珍”之说，是指所用的四类珍贵的食材，它们是山八珍、海八珍、禽八珍、草八珍。“草八珍”中有猴头、银耳、竹荪、驴窝菌、羊肚菌、花菇、黄花菜、云香信八种。竹荪在列，可见竹荪是一种珍稀的食材。

受地形、气候、环境等的影响，竹荪在苏州似乎没有扎下根，有些少见，与大家有些疏远。其实，竹荪与人们日常见到的黑木耳、香菇一样，你接触多了，就会爱上它。

竹荪以竹冠名，可见与竹子有着联系。万物生长离不开生长所需的养分，菌菇也是如此。竹荪是寄生在枯竹根部的一种隐花菌类，它吸收或者说分解的是枯竹残存的有机物质与各种元素。经过孢子萌发、菌丝生长、形成原基、菌蕾成形、菌盖长成、菌伞展开等一系列过程，竹荪优雅地完成它的一生。只是，竹荪生长的每一个时段，都需要相应的温湿保障。失之毫厘，竹荪的生长就会出现偏差。所以说，竹荪的一生，也是历经坎坷。竹荪展开白色菌伞时，是它一生中最美丽的时刻。而这样的时刻只有一天，而且要在晴朗的天气里，空气相对湿度为95%时才会充分展现。之后，它便将“化作春泥”迈入又一个轮回。

这简短的文字，如果还原成现实场景，亦有回肠荡气之感。首先，是茂盛的竹园。能让竹荪孢子得以存在，并且能够获得生长所需的营养。要是如苏州那样，时不时地在竹园里挖几个笋来入肴助鲜的话，那些孢子估计早跑没了。其次，是高湿的环境。《吴蕈谱》中也说到，高湿有利于菌菇的生长，如《斸蕈》诗：“梅花水发接桃花，又动南山䃯砺车。春熟却教无麦种，松间剩有菌如麻。”还记有，“康熙癸亥岁，一春风雨菜麦尽烂，种子无粒，是年产蕈极多，若松花飘坠，着处成菌”。雨水多，不利粮食种植，却有利于菌菇生长。贵州铜仁的大山里，云雾弥漫，是竹荪生长的优良环境。再次，是时间。我们看到的竹荪，都拖着婚纱一样的白色菌裙。这样的菌裙从午时撑开，到下午四五点就会消失。所以，采摘竹荪，便是在与时间争抢。那一份收获的喜悦，是承载着焦虑的高压心理。

菌菇家族中，竹荪的外观应是最漂亮的。有一围细致洁白的网状裙，从菌盖向下铺开，竹荪也被人们称为“雪裙仙子”“山珍之花”“真菌之花”“菌中皇后”。看着这些描绘，便让人心仪。

口感、滋味、香味，每一类、每一个产地的菌菇都有其自身的特质，竹荪也不例外。竹荪的品种有长裙竹荪、短裙竹荪、棘托竹荪和红托竹荪等，每一个品种，各有各的惊喜。

《吴蕈谱》中没有竹荪，苏州的菜单上，可不能缺了竹荪。

营养小贴士

竹荪含有多种氨基酸、维生素及能抑制肿瘤的成分；具有益气补脑、宁神健体的功效，可提高机体的免疫抗病能力。

净山食菌 为生活提鲜

撰文/吴王文化

菌在古代被称为「芝」「菌」「蕈」等，现代称之为「大型真菌」。通常南方称之为「菌」，北方称之为「菇」，故有南「菌」北「菇」之说。

南菌北菇 历史悠久

中国是世界四大文明古国之一，也是认识和利用食用菌最早的国家。我国最早有食用菌文字记载是在战国时期，庄子在《逍遥游》中就有“朝菌不知晦朔”之句，说明我们的先人当时已开始观察菌类的生长习性；先秦时期重要著作《吕氏春秋·本味篇》有“和之美者，阳朴之姜，招摇之桂，越骆之菌”的记载，描述了食用菌的美味可口；以后的《齐民要术》《菌谱》《广菌谱》《本草纲要》等均有记述。中国也是栽培食用菌较早的国家，黑木耳栽培于公元600年，香菇栽培于公元1000年的浙江龙泉、庆元和景宁，草菇栽培于300多年前的广东南华寺。

药食同源 营养保健

食用菌集各种营养于一身，营养价值达到“植物性食品的顶峰”，是理想的食疗食品，被推荐为当今世界“十大健康食品”之一。但遗憾的是，我国食用菌消费量与其他一些国家相比却差距较大。美国每年人均食用菌消费量为2.5千克，法国为4.5千克，日本也达到了3千克，而我国人均食菌量只有2千克左右。国人利用食用菌治病于汉朝《神农本草经》已有记载，其中所录菌类有赤芝、黑芝、青芝、白芝、黄芝、茯苓、桑耳、五木耳、灌菌、雷丸等共12种，对每种菌的异名、产地、性味、功用都有简要记述。明代李时珍的《本草纲目》记述了各种菌类共40种。

梵净山珍 品种丰富

贵州省铜仁市梵净山下，种植环境天然无污染，境内可供食用的松乳菇、香菇、竹荪、羊肚菌、银耳、牛舌菌等有百余种（野生菌品种），约占全省已知食用菌种类的43%。其中香菇和木耳是生活中最常见的，在食用菌产量中排前两位，营养价值各有不同。

（一）香菇 又名冬菇、香蕈等，是一种食用真菌。食用的部分为香菇子实体，鲜香菇脱水即成干香菇，便于运输保存。干香菇在中国菜中被广泛使用，烹饪时需先行泡水发制。素三鲜中，香菇往往作为其中的一鲜出现，烧菜时放几朵香菇进去，菜肴马上就鲜味十足，它是一种生长在木材上的真菌，味道鲜美，香气沁人，营养丰富。香菇富含维生素B群、铁、钾、维生素D原（经日晒后转成维生素D），味甘、性平。主治食欲减退，少气乏力。

（二）黑木耳 贵州是黑木耳重要产区之一，目前仍有大量野生黑木耳分布。黑木耳是著名的山珍，可食、可药、可补，有“素中之荤”之美誉。梵净山麓的黑木耳，生态良好，无工业污染，色泽黑褐，质地柔软呈胶质状，薄而有弹性；味道鲜美，营养丰富。黑木耳味甘、性平，具有多种药用功效，能益气强身，可防治缺铁性贫血等，令人肌肤红润，容光焕发，能够疏通肠胃，润滑肠道，同时对高血压患者也有一定帮助。

营养小贴士

食用菌含有人体所需要的八种氨基酸，高蛋白、低脂肪，对人体起到健康保健作用。

土家族非遗

美味花甜粑

撰文/吴王文化

贵州的『粑粑』们把糯食提高到了一个新境界，风味纷繁多趣。布依族、苗族、土家族等民族都喜欢吃糯食，于是就有了糍粑、蕨粑、黄糕粑、清明粑、苞谷粑、荷叶粑、花甜粑等有滋有味的美食。

思南文化 非遗美食

思南地处乌江中下游，得天独厚的乌江航运，给思南带来了较早的经济繁荣，文化发达。随着航运业的发展，川楚文化、中原文化、沿海文化逐渐输入，进而与本土文化融合，千百年来的多元文化积淀，形成了独特的思南文化。思南，也早有了“文化之乡”的誉称。

花灯、花甜粑、花烛是思南的非物质文化遗产，号称思南的“三朵花”。花甜粑是思南土家族独有的美食，因其制作工艺独特，味道甜美而享誉四方。它的神奇之处在于不管粑体有多长，把它横向依次切成薄片，每片花甜粑上都有一模一样的“花”（图案），令人感到惊奇。

物质精神 二者兼顾

生活在思南的土家族，曾经长期经历战乱和流徙，饱尝了生存之艰难，他们渴望安定祥和的生活环境，因此他们制作花甜粑的初衷是满足食物的需要，是物质层面的。制作的花样如汉字“吉祥平安”等，一方面表达了他们渴望安定祥和的生活状态，表现出一种强烈的祈福意愿。另一方面，在他们看来所有的事物都是有生命的，花草树木，鸟兽虫鱼，跟人一样具有灵性，因此土家族始终都敬畏和尊重它们，所以，花甜粑也寄托着土家族人民渴望自然和谐的愿望。

优质选材 工艺一绝

制作花甜粑时，先要选择上等糯米和粳米按照2:1的比例混合，然后淘去米糠浸泡，待米浸透泡发时，用石碓或石磨舂成粉末状的米面。

米面制成后，先取其中四分之一，掺水下锅，不断搅拌直至完全熟透，成为“米浆”，这个过程叫作“打糍子”。接着将米浆混合生米面，放在案板上进行反复揉搓，形成了黏糊的面团。

最后，就进入花甜粑制作的关键阶段——压花。将面团擀成3~4厘米宽的条形面皮，刷一层粑粑红（食用色素），然后将其卷成圆筒状，再用一条预制好的薄竹（木）片，在圆筒的周围向圆心压数条细槽（细槽的条数决定花瓣数量，一般8或12条），再将细槽搭合，然后再包一层未涂色的面皮，最后将粑卷呈水平方向摔、搓、揉、压（不可呈垂直方向压揉，只能从圆筒表面向圆心方向搓压），制成横截面直径2寸（1寸约3厘米）左右的长筒状粑体即可。放进蒸锅，用柴火蒸2~3小时，蒸熟后，待其冷却，即可享用。

压花过程非常巧妙，不同的压花手法会形成不同的花型。花甜粑内部的每一个花纹是“制粑匠人”经过无数次练手才制作而成的。

食法多样 色香味全

花甜粑造型优美，香糯绵滑，既是待客美食，也是家中常用食品，同时可作礼物送人，其用途广泛，食法多样。其一：切片或块儿，配以甜米酒煮食之，汤清口味甘，口感绵柔。其二：切片油炸至金黄，外酥里糯，香气袭人，可将食盐或白糖，洒少许附于表面，吃起来别有一番滋味。其三：文火炕食之，无需油盐，用炭火、炉火或放在柴灰里烧，吃时能感受到大米的清香，外脆内甜，沁人心脾。花甜粑储存方式独特，放置水中，要勤换水，以保证其不开裂，不变味，食用时从水中捞起来便可。

营养小贴士

花甜粑含有蛋白质、维生素等营养成分；有健脾暖胃、补中益气等作用。

浓浓糯米香 可变的糍粑

撰文/若三

糍粑为何物？这是在苏州不常听到的食物名字。这一次在贵州铜仁与苏州共同举办的美食展上，有幸听到、见到了，嘻嘻，当然也品尝到了。

这是一种糯米的制品，是一种可以归类到小吃的食品。只是它可以变化，制成饼，做成馒头或者糕的样子，也可变成面条，或者做小成圆子。所以说，糍粑有多种形态，具体是什么，还得看具体做出来的样子。

糍粑的制作工艺，是先洗泡糯米，让糯米涨发软化；然后，将饱涨的糯米放入饭甑里蒸熟；当蒸熟之后，把糯米取出，放入石臼中舂烂。其实，那也不能称作“烂”，只是将原来颗粒状的糯米，转变为粉状。而且，糯米粉经过舂压，变得瓷实，有韧劲。但这个“实”不是硬，这个“韧”不是坚，是一种带着弹性的柔，在韧劲中不失糯米的软。

舂糍粑，既是个力气活，也是个技术活。曾遇到过朝鲜族的打糕（或许也是糍粑的一种），还试了下手，要提起粘着糯米的木杵，一下下地舂，真的很费劲。好在在美食面前，有美食情结的人，都是愿意出这份力的。当然，对于一个家庭来说，费力做这样的糍粑，是注入了浓浓的爱意。对于宾客来说，当品尝到这份糍粑时，就会感受到主人的好客之情。

苏州丰富的小吃，除了八宝饭、糍饭团、粽子等直接用糯米做之外，大部分是用糯米粉做的。而由熟糯米进而做成的食品，苏州也有，是吴江的风枵（xiāo），那是用烧熟的糯米饭做成的。风枵的制作有着江南独特的精细，先要把糯米浸透淘净，再放铁锅中烧成饭。饭要烧得烂一些，这样便于下一步的摊制。摊制时的烧火也是个技术活，在传统的灶台上，一般要两个人搭档才行。灶后有烧火人，灶前为摊枵人。通过灶壁上一个小洞口，烧火人观察着摊枵人的一举一动，并由此调整着灶膛内火候的大小。当然，前呼后应一直贯穿在摊枵的过程中。用铜铲铲上一团糯米饭，放进烧烫的镬子里用巧劲摊平，这“劲”全落在手腕里，力度要恰到好处，这样摊出来的饭糍干才会薄而均匀。糯米饭的含水、软硬程度；火候大小的控制（一般控制在四分火）；摊枵的力度与行铲的均匀程度，这里的每一个环节，都会影响到枵的质量。因为糯米黏性强，火大了易粘底变得焦黑，火小了会潮腻起丁。要摊出干爽透白的“枵”，灶前灶后的两个人，没一个是“省心省力”的。看来，与糯米打交道，都得费一把力。吴江的风枵常用来泡茶，是吴江震泽“三杯茶”之一的甜茶。

这次，糍粑来到苏州，对着“可变”的糍粑，苏州的厨师怎么来做？且看一款由苏州新城花园酒店做的“黑洋酥糍粑卷”。

塑身。如风枵的制作一样，将糍粑改变形态，在热锅中摊成薄饼。随着糍粑的摊薄与热力的作用，糍粑饼（姑且称饼）变得莹润透明。那一个粉团，便有了羽衣的风韵。

赋味。在糍粑饼上撒上黑洋酥。黑洋酥是一种甜味制品，常用作馅料，苏州的芝麻汤圆中，就用到黑洋酥。黑洋酥是由剁碎的黑芝麻，加细小的冰糖屑，再加上猪油和水麦芽（糖）等一起拌和。这是一种又甜又香且润的馅料。如今，内馅外用，撒在糍粑饼上，用来赋味。贵州的糍粑似乎有了苏州芝麻汤圆的味道。

改刀。撒上黑洋酥后，把糍粑饼卷成条状；然后，用刀切成菱形小段，真配得上那似透非透的糍粑。

糍粑是会变化的，如果在糯米中，加入豆蓉、莲蓉，糍粑家族就会变化无穷。荀子在《劝学篇》中写道：“不积跬步，无以至千里。”饮食发展中的一小步，也将有助于丰富和实现人们新时代对美好生活的新的饮食需求。糍粑会变，让我们期待。

营养小贴士

糍粑含有蛋白质、脂肪、糖类、钙、磷、铁、维生素B及淀粉等；适用于脾胃虚寒、食欲减小等症状，有补虚、健脾暖胃等作用。

千滋百味

红酸汤

撰文/若三

酸味，是饮食的基本味。

酸味，也许是人类最早引入饮食中的味道。先人们在采摘果实为生的时期，果子的酸味应是早早地被认识到的。《尚书·说命下》云："若作和羹，尔惟盐梅。"梅子是酸味的代表。酸味刺激口腔中唾液的分泌，能够帮助人体分解所食食品，利于人们消化吸收。只要被"酸"过，一讲到酸，便会不自觉地、条件反射地流起口水，因而，"望梅止渴"真不是墙上画的饼，是可以起到止渴作用的。酸味在自然界中最容易获得，因而，也很早就被人们利用、喜爱。而盐之咸味，则要随着制盐技术的产生而来。远古的时候，一道美妙的羹，离不开咸、酸之味的调和。

一方山水有一方物产，靠山吃山之说是有道理的。2018年，在铜仁山珍与苏州味道的相遇中，苏州邂逅了贵州的红酸汤，并被贵州红酸汤的朴实与纯净所折服。

贵州是一个多民族的省份，贵州的酸汤出自苗家之手。对于苗家的认识，大多是从影视、画册上看到，或在旅途中擦肩而过。印象中，苗家是美貌的女子，一身"银装"载歌载舞；是外人进入村寨前，就招待他喝碗迎宾酒的热情。那份热烈，直把江南的矜持感

染得激情起来。贵州的红酸汤也是热烈的。当那份鲜红艳丽来到苏城的粉墙黛瓦间，如中国的书画上，钤入的一枚印章，让一幅书画和谐完美。

据说，贵州的酸汤种类繁多，它们的丰富像一个百花园，从浓度、风味、原料、品质等方面绽放出有独到风味的花朵。譬如说根据酸汤呈现的清醇状态与质感，有高酸汤、上酸汤、二酸汤、清酸汤、浓酸汤等之分。还有，依酸汤的口感与味道不同，形成了咸酸汤、辣酸汤、麻辣酸汤、鲜酸汤、涩酸汤等之别。至于做酸汤的原材料，有肉、鸡蛋、鱼、虾、豆腐、蔬菜等，不同原材料做成的酸汤，都有独特的风味。由于制作酸汤的食材有着天然的颜色，酸汤也就披上了不同的颜色。如有红酸汤、白酸汤之说。红酸汤应属菜酸汤的一种吧，因为制作的原料是红番茄。

红酸汤是纯净的。它的制作更多的是借助天然之力。番茄洗净后放入容器，加入适量的盐密封。之后，容器内便会有乳酸菌出现，在乳酸菌的作用下，原生的酸味便慢慢形成。根据人们的爱好，有的还会加入一些辣椒来增添风味。

红酸汤，藏在深山人不识。它在苏城的出现，定然会给餐饮业带来一些响动。因为它的红艳、它的酸爽、它的朴实纯净，包容的苏州当然会接纳它。

人们的饮食风味，从依靠"盐梅"的时代，发展至如今的丰富多样，是数千年来创新、吸收、融合的结果。苏州的风味自有她的定位，但并不表示唯此而已。红酸汤的到来，让苏州的厨师看到了新的风味，激起了新的想法，也催生了尝试的动力。想到贵州的酸菜鱼，又想到苏州是鱼米之乡，红酸汤与江南的鱼便开始了酸酸甜甜的恋爱。

新梅华酒店，将红酸汤加入糖调制，把形成的酸甜味汁披在了"松鼠鳜鱼"的身上。其实，苏州那条著名的松鼠鳜鱼的味，也是在变的。听前辈说，之前，是用醋与糖调制成酸甜味做浇汁，因而，色调是黄褐色的，浇在白色的、剞上花刀的鱼身上，如虎斑一般，人们称之为"猛虎下山"。之后，随着西餐的传入，番茄沙司便被运用起来，红亮的酸甜汁味，既符合了苏州的口味，又给人以喜庆、欢快的感觉，因而得到广泛使用。如今，带着自然而纯净酸味的红酸汤出现在苏城，运用、推敲、尝试，创造新的、符合苏州味道的风味，便有一种久违的冲动。酸甜、酸辣（微），老年人、年轻人，不同的消费人群，有不同的饮食习惯。风味的定位，需要由市场决定。红酸汤与松鼠鳜鱼，既然恋上了，就携手走一程。

新城花园酒店，以一款"贵州酸汤宽粉鱼头王"，与红酸汤进行了牵手；张家港国贸酒店，则在一条长江白鱼身上，铺上了红酸汤的"毯子"。也许，苏州躲不过红酸汤的魅力。

营养小贴士

红酸汤含有丰富的有益有机酸——乳酸（由天然乳酸菌自然发酵而成）和维生素C等有机物，还富含人体所必需的钙、磷、铁等矿物质；对调节人体肠道微生态平衡，增进人体健康及预防消化道疾病具有很好的功效。

味甜红光
珍珠花生

撰文|吴王文化

花生为豆科作物，优质食用油主要生产原料，又名「落花生」或「长生果」。原产于南美洲的热带及亚热带地区，大约在公元十六世纪传入我国，现我国各地均有相当规模的种植，主要分布于辽宁、山东、河北、河南、江苏、贵州等地区。

康熙年间引种 地方特点突出

在贵州铜仁梵净山麓，生长着一种与其他地域风格迥异的花生。清康熙初年，当地农民开始引种繁殖，延续至今，这就是当地的特产“珍珠花生”。珍珠花生荚果外形小，光泽度好，籽粒形似珍珠，果壳薄，双仁果多。籽粒整齐饱满，皮呈略带光泽的粉红色，口感柔嫩细腻，香味浓郁，回味带甜，脆性好，无异味，果味独特。

春生秋收 高成本低产能

铜仁地处武陵山区腹地，山高坡陡，土地分散，农村基础设施滞后，产品运输不便，尤其是一遇天旱，花生收成便打折扣，因而种植规模小、成本高，花生产量低。春天，花生种子下埋沙土中，根向下，叶向上，在热量丰富、光照适宜、降水丰沛的季风气候下努力生长。夏末的时候，果实慢慢成形，吸收了180多天阳光照射后，果实中储存了许多蛋白质。

食法多样 营养价值不变

珍珠花生最普遍的吃法是油炸，脆香饱满，嚼劲十足，是日常待客下酒的小菜。煮花生是最能保留花生营养的吃法，将花生洗净，加大料、香叶、花椒，撒上一小撮盐，开火煮，满屋弥散着花生的香味。老醋花生、炒花生、五香花生……经过不同的烹煮工序，花生可以散发出不同的果味，但不变的是花生富含的营养物质和养生功效。它还可加工成各类食用物品，出油率达40%以上，铜仁的花生油和花生酱油曾获全国食品工业10年成就展“优秀新产品奖”和国家科委“优秀项目奖”。

营养小贴士

花生营养丰富，包括蛋白质、脂肪、维生素、矿物质、精氨酸、膳食纤维等；花生红衣可降血压，常食滋养补益，有助于延年益寿。

时光里的盐菜之味

撰文/吴王文化

贵州省晴隆县，地处山区，具有高纬度、低海拔和多云雾的气候特征，当地的大叶青菜鲜嫩多汁，清脆爽口，成为制作盐菜（又称盐酸菜）的优质原料。

600年前，喇叭人（苗族的一支）背井离乡，随军南征北战来到古夜郎，继而屯垦戍边，定居晴隆。喇叭人嗜酸，在进驻晴隆期间，他们把独特的盐菜制作手艺带入晴隆。由于盐菜便携带、耐储存，故迅速风靡。当地苗族人外出喜欢带盐菜，途中做饭时开一锅汤，撒上两把盐菜，方便时加姜丝、葱花，既开胃，又下饭，还有解乏、御寒、预防感冒的作用，一锅盐菜汤是苗族一日三餐常食美味。

晴隆盐菜，运用传统工艺，经过多道工序制作而成。选择新鲜的青菜叶，洗净，先晾晒两天，抹盐，腌出水分，再将青菜绑成小把，沥干，放入坛内，待腌制变色、香味溢出、微带酸气时取出晾挂，自然晒至收干水分，此时原味大叶青菜的香味仍被保留在盐菜中，此后再放进坛子内继续加盐干腌，如此反复3~4次，一个月后开封，坛香四溢，吃时滋味别样。腌制盐菜，用盐、用时、用手工，不厌其烦，看似简单，每一步却要非常用心。

腌制要注意几点：一是要用清澈山泉净水清洗；二是要有老窖烧制的盐菜坛，对菜坛沿口与坛壁厚度的要求高，坛口不透风、厚实，便于沿槽水密封；三是加盐要适当，腌制时间要控制，晾晒时如遇雨天可将其收入菜坛，待天晴时再取出。

晴隆盐菜赋予了大叶青菜新的食用概念，是贵州独有的味道，鲜、酸、爽的特性明显，自然发酵的醇香、低盐和零着色剂又是一大特点。盐菜在菜谱中既可唱主角，又可做配角。贵州滋味的食谱中有盐菜扣肉、盐菜炒鸡、盐菜烧鱼、盐菜炒鸡蛋、腊猪脚盐菜汤、盐菜土豆汤、盐菜炒饭、盐菜干拌面等，盐菜无处不在，盐菜处处都美好。

营养小贴士

盐菜纤维素丰富，含有微量元素；能够增进食欲，消食健脾，少吃有益；因盐含量高，不宜多食。

不是豆腐
是米豆腐
撰文/吴王文化
大米是中国餐桌的基础，盘点起来，各地方的人能用大米做出许多种类的食物，其吃法上的想象力，让你终将感受碗中的大米不平凡。比如：武汉人的『米粑粑』，上海人的『粢饭』，云南人的『饵块』，广东人的『肠粉』和贵州人的『米豆腐』。

贵州铜仁各区县皆制米豆腐。江口、印江、松桃、碧江米豆腐尤佳。据《铜仁味道》记载，铜仁食用米豆腐的历史由来已久。在铜仁，无论是市民的餐桌，还是街边摊位，甚或是高档酒店，都能看到米豆腐的身影，这是一道既能阳春白雪又有乡土风味的美食。

米豆腐的制作流程不复杂但颇为耗时。先将上好的籼米淘洗干净在清水中浸泡一天，然后将其在石磨中磨成米浆，一手添米添水，一手推磨逆时针旋转，米浆顺着磨沿缓缓流入桶里。石磨多数是用麻石凿成的，用久了就得洗磨，洗磨不是简单地清洗磨盘，而是要请石匠师傅用专用铁器具将盘面纹路重凿加深开口。

米豆腐制作时，石灰水是必不可少的。做法上，可以在搅拌时，慢慢淋入石灰水，也可以把石灰水掺在浸米桶里，一起磨成米浆。

接下来就是煮熟工序。将米浆倒入锅内，煮浆时边煮边搅，把石灰水小心适量地倒些在煮开的米浆里。开始用大火，至半熟时用小火，浆清时可以慢慢搅拌，如浆煮到黏稠时，要连续不断用铁勺扒锅底，否则米浆容易粘锅烧焦，俗语称“注底”。等锅里的米浆煮到一定程度，要用锅铲舀起一铲，垂直往下滴，观察滴的速度能够判断出米豆腐是否煮熟。

米浆过稀，米豆腐不易成胶状，米浆过稠，米豆腐不够鲜嫩。最后将整锅的米浆倒入一个大盆里，米浆渐渐散了热气，由热变温，直至变冷。冷却后的米豆腐收缩了，再用容器翻转过来即可。

米豆腐筋道，吃法很多，既可凉拌，也可煮汤或烹炒，比如“米豆腐烧冬瓜”“米豆腐烧牛筋”“铁板煎米豆腐”等。凉拌米豆腐是最朴素的吃法，食用时切成小片或条状再拌入辣椒、醋、盐等佐料即可，口感软绵，清凉爽口。

营养小贴士

米豆腐含有多种维生素，是一种弱碱性食品；有助于减肥排毒、软化血管，故有人称之为“血液和血管的清洁剂”。

地道土味

蕨根粉与蕨粑

撰文/吴王文化

蕨，原是山野间的一种寻常植物，早在商周时代，就已然进入中国人的食谱，其学名谓之“薇”——它几乎贯穿了我们整个文学史。中国人吃蕨的历史极其悠久。

《尔雅·翼》中记载："蕨生如小儿拳，紫色而肥。"因此，蕨菜也被称作"拳头菜"。陆玑为《诗经》注疏时又言："蕨，山菜也。初生似蒜，茎紫黑色，可食如葵。"《史记》中记载了伯夷、叔齐二人"不食周粟，采蕨薇于首阳山"的故事，故蕨菜被后人认为是高洁的象征，也成为历代诗人歌咏的对象。

贵州各地深山中，野生蕨菜广泛分布，天然野生无污染。当地采用原生态传统手工做法，直接挖取其根部，洗涤、捣碎、过滤，制作蕨根粉。

方法：首先在山坡上将蕨根从深约0.5~1米的地下挖出，洗净蕨根外的泥沙，然后打蕨根，将洗干净的蕨根，搁在天然大圆石上，用木柄锤有节奏地捶打蕨根，轻重合适，将蕨根须逐渐砸烂，使之成为一串串将断未断的牵筋带茎的根渣。在圆石旁排列两大一小木桶，稍小的叫"敞桶"，稍大的叫"澄桶"，是用来搅拌、过滤、澄清根渣的。

然后清蕨粉，根渣在敞桶里反复用木叉搅拌，浆液渗出到木盆里，流进澄桶。将竹筒临桶的口子上，用几匹棕片疏疏地包着，起过滤作用，流进澄桶的浆液会清亮纯净。在两只大澄桶上有一截竹槽引来的山泉清水，不间断地慢慢淘洗蕨根浆液，使蕨粉渐渐沉到桶底。隔日轻轻倒掉桶内满装的水，剩余的便是黏稠地凝结在桶底的湿蕨粉。

食用加工时，蕨根淀粉在锅里熬熟摊平后就成了褐色的蕨粑，可炕成薄饼，口感绵实、细腻，有一番淡淡的清香味。若切成小块，作为佐料菜和炒在肉片中，则成为当地最家常的山野佳肴。

营养小贴士

蕨根，被收录在《黑色保健食品》之中，即可入药又可食用，富含铁、锌、硒等多种微量元素和维生素及多种必需氨基酸。蕨根中有一种叫作"原蕨苷"的天然水溶性毒素，经过浸、泡、漂、焯、蒸、煮、煎、炒后的"原蕨苷"含量会自然减少，所以可以放心食用。

自带柴火味的绿豆粉

撰文／吴王文化

中国的美食五花八门，数以万计，各地特色鲜明、口味各异，体现了老祖宗在“吃”上的讲究与奢华。“北人食面、南人吃粉”这种饮食习惯由来已久，在贵州这片神奇的土地上，极大的地域差异和丰富的少数民族文化，为其美食造就了广阔空间。其中贵州的各种食物粉让人印象深刻，俗话说：“来到贵州不吃粉，你硬是要悔得很！”“贵州人的早中晚三餐都能用一碗粉来解决。”

传统手工味道好

贵州绿豆粉主要在铜仁的印江、德江、江口等地，已有数百年悠久的饮食文化历史，是具有浓郁地方特色的绿色食品，因与锅巴颇为相似，故有的地区名之曰“锅巴粉”。绿豆粉是以大米和绿豆为原料加工而成，具有皮面劲道、口感绵软的特点。

制作绿豆粉，主要通过“选、泡、磨、炕”四道传统工序。首先，选用当地上好的绿豆、大米以及山泉水（来自贵州山溪间清凉甘甜泉水），按80%粳米、20%绿豆的比例，分别浸泡10~12小时，然后洗净米、去豆壳、搅拌均匀，以便磨浆。传统磨浆主要用石磨，在常态下，石磨磨浆不会受热，虽然慢些，但可以保留最原始的食材味道。

铁锅土灶最关键

制作绿豆粉最为关键的步骤是“炕”。这其中，最考验烧火人对火势的把握，以及与炕绿豆粉人之间的配合。传统的纯手工技艺中，讲究“力道、速度、韵律”，这些都是经数日数次的磨炼而成的。

炕绿豆粉要使用柴火和大铁锅，只有柴火才能烧出民间食物的本味、本色和鲜香。先用文火将锅烧烫，再用刷子蘸油抹在锅四周，将适量米浆均匀倒入锅中，用木刮或锅铲刮成薄薄一层，加锅盖，用适当的火候翻面焖熟。随后，一张形如锅的绿豆粉成型，将其晾于竹竿，冷却后折叠成扁筒状，切成筷子宽条状。

其吃法可煮可炒。跟大多数米粉相同，通常都是入沸水锅中煮熟，再捞入碗中加汤加佐料食用。也可以直接沾蘸水吃，味道香，有嚼劲，佐料不同，滋味各异。

营养小贴士

绿豆粉含有蛋白质、维生素B1、维生素B2、胡萝卜素、钙、磷、铁等微量元素；经常食用绿豆粉可改善肠道菌群，减少有害物质的吸收。

又见传统手工红薯粉

撰文/吴王文化

红薯，又名红苕，是一种承载了数代人深刻记忆的食物。在灾荒年代，人们靠它果腹生存。冬天，城镇的街巷里弄，会飘散出迷人的烤红薯的香气。红薯摊上那热气腾腾、香味扑鼻、金黄流油的烤薯，永远是大众的美食记忆。

贵州省铜仁市印江县，毗邻梵净山，无污染源、空气新鲜，属亚热带湿润季风气候，海拔900~1100米，冬无严寒，夏无酷暑。森林覆盖率达50%，独特的地理生态环境，使这里成为多种植物生长的天堂。当地出产的红薯，个大圆润，淀粉含量高，通过土家、苗家传统手工制作的红薯粉（条），晶莹剔透，口感顺滑。

制作流程：选料、清洗、洗浆、沉淀、返浆、分级、打浆、过滤、煮粉、出粉、拉皮、晾粉、切块割条、晾晒、包装，大大小小20多道工序，除清洗红薯、粉碎红薯和拌浆使用机器外，其他工序全以手工完成，其中淀粉和水的比例，全靠有丰富操作经验的师傅控制，纯手工制作的粉条，柔软筋道、口感好。

淀粉制作，先要提取淀粉。把洗干净的红薯打碎成糊状的薯浆，再把薯浆放进纱布中，加入水将碾碎的薯浆反复滤洗，洗出淀粉，然后，将洗出的水放在大盘或者瓦缸内沉淀一晚上，隔天早晨将水倒出，容器底部会有一层厚厚的白色沉淀物，这就是红薯淀粉。

粉条制作，以一定比例的淀粉与山泉水搅拌成糨糊状，拌浆比例须适当，水少做出的粉条会过硬，水多则稀得做不出形状。灶火要烧旺，大锅水要烧开，盆底打上当地产的土茶油润滑，这些都是做红薯粉（条）工序中的关键点，一般的植物油和动物油都会粘盆。

大火沸水蒸煮四五分钟，一挑一卷再一提，就可以取出一张晶莹剔透的粉皮，将其放在晾皮板上，趁着腾腾热气，依晾皮板四面拉直定型，置于阴凉处自然冷却10分钟便可割块切条，条条大小和厚薄一致的粉条便可搭上竹竿置阳光下晾晒。

传统手工制作的红薯粉（条），承载着贵州土家族、苗族的智慧与坚守，这种再普通不过的家常食物，能与许多食物搭配，能用多种方式烹饪，炒、炖、蒸、拌、汤……真是怎么做都好吃。

营养小贴士

红薯粉（条）富含人体所需要的铁、钾、锌等微量元素；具有软化血管、预防肥胖、防肠癌的功效；常食可养生保健，减肥养颜。

天然氧吧绿壳蛋

撰文/吴王文化

蛋的种类很多，鸭蛋、鹅蛋、鹌鹑蛋、鸽子蛋……但鸡蛋是人类最常吃的。鸡蛋中蛋白质的氨基酸模式和人体蛋白组成模式非常相似，一枚鸡蛋几乎涵盖了人体所需的各种营养素。鸡种与生长环境、鸡食饲料等，都是鉴别“好蛋”“坏蛋”的要素。

鸡种优良

梵净山区土鸡，早先引种于湖北华绿黑鸡、三峡黑鸡，是中国稀有的珍禽品种，山区的自然环境阻隔了外来鸡种和病源入侵，鸡种采用提纯复壮选育的扩繁方式，培育出的麻羽、灰羽、黑羽、乌骨鸡，具有耐粗饲、抗病力强、觅食能力强等特点，所产绿壳蛋品质优良。当地充分利用梵净山脉优质森林资源，以“家庭农场+自然喂养”的生产模式，将鸡放养于山林间，食山草虫蚁，饮山泉清水，长野性机体，产绿壳蛋，蛋清呈浓稠状，蛋黄为橘黄色，熟制蛋醇香，入口无腥味。

科学食蛋

专家称：不同煮沸时间的鸡蛋，在人体内消化时间是有差异的。“3分钟鸡蛋”是微熟鸡蛋，人体消化时间约90分钟；“5分钟鸡蛋”是半熟鸡蛋，人体消化时间约120分钟；煮沸时间过长的鸡蛋，人体消化时间约180分钟。如果鸡蛋在沸水中煮超过10分钟，内部会产生化学变化，蛋白质结构变得过分紧密，不容易与人体胃液中蛋白质消化酶融合，较难被吸收与消化。

从营养的吸收率来解析。煮的蛋吸收率为99%，炒的蛋为97%，炸的蛋为98%，用开水或牛奶冲的蛋为92.5%，生的蛋为30%~50%。由此看来，煮鸡蛋是最佳吃法，但对儿童和老人来说，还是蒸蛋羹、蛋花汤最合适，因为这两种做法能使蛋白质极易被吸收消化。

梵净土鸡绿壳蛋的正确煮法是温水下锅，慢火升温，沸腾后微火煮3分钟，停火后再浸泡5分钟，这样煮的鸡蛋口感和营养为最佳。

营养小贴士

绿壳鸡蛋高蛋白、低胆固醇，富含卵磷脂，脑磷脂，神经磷脂，高密度脂蛋白，维生素以及微量元素。

苗寨山水清 野鸭营养好

苗王湖位于贵州省铜仁市梵净山东麓的松桃苗族自治县境内，这里森林茂密、空气清新、水质纯净，被誉为“生态明珠”“绿色氧吧”，苗族世居于此，人文历史厚重。据史料记载，自汉朝起，苗家民众就有养殖野鸭的传统。

绿头鸭，又称大绿头、大红腿鸭、大麻鸭，是常见的野鸭种，也是除番鸭以外的当地家鸭的祖先。央视7套、2套与贵州卫视等多个频道曾对绿头野鸭做了《飞起来的野鸭》《食尚大转盘》《腾飞的野鸭梦》等数篇专题报道。绿头野鸭品种优良，属高蛋白、高氨基酸、低胆固醇、低热量类特种水禽食材，富含钙、钾、钠等多种微量元素，肉质口感好，药用食补效果明显，是贵州食材美味名片之一。

鸭蛋无腥味 吃法多样化

绿头野鸭喜食苗王湖中小鱼、小虾、螺蛳和山地青草与玉米杂食等，所产鸭蛋无腥味，烹饪吃法多样。野鸭咸蛋，外壳干净呈青绿色，蛋白“鲜、细、嫩”，咸淡恰到好处；蛋黄呈“红、沙、油”，散发出淡淡的香味，吃在嘴里细腻绵密、油润醇香。野鸭咸蛋富含丰富蛋白质、维生素及微量元素，易被人体吸收，且咸味适中，老少皆宜；滋阴清肺，除热祛毒的功效比未腌制的鸭蛋更胜一筹。

野鸭皮蛋，蛋白是半透明的青褐色、棕色，或不透明的深褐色；蛋黄溏心（即最内层的蛋黄半融，呈流心状），呈墨绿色或绿色，蛋体有光泽，有弹性，有漂亮的松花纹，口感细腻绵软、醇厚多汁。皮蛋性凉，含有较多矿物质，有清热止渴、滋阴润燥的作用。其含有的蛋白质经分解所产生的元素，有助消化、增进食欲。

古老鸭种 生态蛋

撰文/吴王文化

营养小贴士

绿头野鸭与鸭蛋富含多种矿物质、微量元素、氨基酸，有利于人体生长发育、降低血脂、清洁血管内壁、预防中老年心血管疾病等。

山珍苏味
五味入化·黔珍苏做
FANJING MOUNTAIN
MEETS
TAIHU LAKE

【冷菜】

白切贵州羊肉
酱麻油皮蛋荞皮
卤汁米豆腐
文虎醇香土鸭
香菇素脆鳝
珍珠花生白虾干

【热菜】

碧绿宝塔黑毛猪
稻香带皮黄牛肉
冬酿碧螺红羊方
干笋南腿老母鸡
酱野猪肉腊味蒸
石榴果脆皮野鸭
虾蟹四季蒸土蛋

【汤品】

竹荪藕炖羊肚菌

【点心】

枇杷蜜炸花甜粑
酸菜冬笋绿豆粉

【主食】

鸡鸭血汆红薯粉

助推铜货出山

2018年12月中旬，以“梵净山珍·健康养生”为主题的2018武陵山区（铜仁）第七届农产品交易会在苏州市举办。其中第一天就参加“贵州材·苏州味”美食品鉴研发活动的企业苏州东山宾馆，位于苏州太湖东山风景区内，是一座集政务接待、休闲度假与商务会议一体的花园式国宾馆。

酒店以梵净山珍入味，山水入盘，辅以苏帮菜特色，共推出了17道精美菜点，包括7道热菜、6道冷菜、2道点心、1道主食、1道汤品。碧绿宝塔黑毛猪、石榴果脆皮野鸭、酱野猪肉腊味蒸、虾蟹四季蒸土蛋、冬酿碧螺红羊方等精美绝伦的菜点，既有大自然的味道，也饱含了厨师团队研发的热情与智慧。

古法研发新滋味

东山宾馆副总经理黄明（中国烹饪大师），擅长苏帮菜、中西融合菜点制作。在他的带领下，团队悉心研究绿头野鸭、跑山羊、梵净山羊肚菌、凯里红酸汤等贵州铜仁特色净土食材和产品的特性，通过酝酿与构想，在原有苏帮菜制作技艺的基础上寻求灵感，进行创新，融合多种菜系的烹饪手法，推出多道美食创意菜，打造出更符合现代人口味的新式苏帮菜，为苏、铜两地餐饮界深度交流合作开启了一扇窗。

◎竹荪藕炖羊肚菌

【用料】竹荪、羊肚菌、虾茸、火腿片、发菜。

【做法】将虾茸填入竹荪内，用发菜做成藕状；羊肚菌洗净加入火腿片，用高汤调味；上笼大火蒸15分钟即可。

【特点】造型美观，汤鲜味浓。

石榴果脆皮野鸭

选材 石榴果脆皮野鸭主料选用铜仁市松桃县绿头野鸭，辅料为铜仁的野鸭蛋、肉酱和苏州的荠菜。

制作 石榴果脆皮野鸭在苏州冬季时令菜品“裹烧鸭”的基础上创新制成。首先，野鸭放盐、花椒腌制2小时，上笼蒸至酥烂，稍冷却出骨；其次，肉酱放盐、味精、葱姜拌匀，涂于鸭肉表面，铺平上笼蒸熟；然后挂脆皮糊炸至酥脆，改刀装盘，撒上花生米、蒜泥油；最后，将蒸熟野鸭肉边角料切丝，用荠菜炒制，野鸭蛋制成蛋皮，包入荠菜鸭丝做成石榴果，蒜苗烫熟装盘即可。成品鲜香酥脆，造型美观。

清热健脾

适宜人群

一般人群皆可食用。体热、体虚者食之更佳。

食补养生

野鸭，具有滋五脏之阴、清虚劳之热、养胃生津的功效。荠菜是一种很好的高蛋白植物、低脂肪的营养健康的野生蔬菜，所含蛋白质、钙、维生素C尤多。

食用提示

体寒受凉、肥胖、动脉硬化、慢性肠炎者应少食。

冬酿碧螺红羊方

选材 冬酿碧螺红羊方取材贵州跑山羊，肉质自然生香、细嫩、少膻味，适逢冬季，适合滋补；因地制宜，结合苏州洞庭山碧螺春茶，出品精细、雅致，清香袭人。

制作 首先，将羊肋条焯水，肉皮直刀向上切1.3厘米的小方格，刀口透过第一层精肉；其次，取碧螺红茶水，加醇香酒、冬酿酒、红曲粉少许，放入肉块，皮朝下，加盐、糖、葱、姜旺火烧沸，转文火焖约2个小时，至肉酥烂，再转旺火收汁，取出肉，皮朝下放入碗中加原卤；最后，上笼蒸半小时扣入盆中，用原汁勾芡再用菜心点缀即成。成品色泽红亮，酥烂味浓，肥而不腻。

滋补暖身

● 适宜人群

一般人群皆可食用。尤其适合体虚畏寒者。

● 食补养生

羊肉富含维生素、钙、铁、磷等，多吃羊肉有助于提高身体免疫力；碧螺春含咖啡碱、单宁酸、维生素C、茶多酚、脂多糖等营养物质，具有软化动脉血管、保护人体脏器等功效。

● 食用提示

羊肉和碧螺春同制，可以祛除膻味，温补而不燥，培元又固本。

◎香菇素脆鳝

【用料】梵净山香菇、糖醋汁。
【做法】将香菇泡透沿边剪成条状；拍粉油炸至酥脆；调糖醋汁包裹即可。
【特点】酸甜酥脆，菇有鳝鲜。

◎珍珠花生白虾干

【用料】铜仁珍珠花生、苏州白虾干。
【做法】将花生米炸熟待用；白虾炸熟待用；调糖醋汁至稠，包裹原料即可。
【特点】香味扑鼻，甜酸味足。

◎枇杷蜜炸花甜粑

【用料】铜仁花甜粑、苏州枇杷蜜。
【做法】将花甜粑切片；油炸后配上枇杷蜜即可。
【特点】香甜可口，皮酥内软。

◎酸菜冬笋绿豆皮

【用料】贵州绿豆皮、酸菜、冬笋。
【做法】将酸菜切碎加冬笋炒制；包入绿豆皮中；上笼蒸5分钟即可。
【特点】酸鲜美味，口感筋道。

◎酱麻油皮蛋荞皮

【用料】贵州皮蛋、苦荞片、糟辣椒。
【做法】将苦荞片泡透切丝摆在盘中间，淋上糟辣椒；皮蛋去壳切块围于盘边淋上酱油、麻油即可。
【特点】酱香浓郁，香辣爽滑。

东宾太湖宴

研发菜品

◎卤汁米豆腐

【用料】铜仁米豆腐。
【做法】将米豆腐切块油炸；加酱油、糖、八角卤制即可。
【特点】鲜香入味，别具风味。

◎白切贵州羊肉

【用料】铜仁跑山羊。
【做法】将羊肉、清水、葱、姜、盐、味精、黄酒放入锅中烧开，小火焖2小时；捞起出骨放入盘中压实；冷藏后改刀装盘即可。
【特点】入口即化，色鲜味醇。

◎稻香带皮黄牛肉

【用料】带皮黄牛肉、青米椒、红米椒。
【做法】将牛肉焯水切成厚片；锅中加入葱、姜、牛肉煸炒，加黄酒、高汤、生抽、蚝油、糖、味精旺火煮沸，小火焖烧1.5个小时，转旺火适当收汁；青红椒、麦穗点缀。
【特点】口感鲜美，肉弹叩齿。

◎酱野猪肉腊味蒸

【用料】野猪肉、腊肉、香肠、荔芋、蕨粑、棉菜粑。

【做法】将野猪肉加盐、八角、桂皮焖烧4小时，冷却；荔芋、蕨粑、棉菜粑分别改刀垫于笼底；酱野猪肉、腊肉、香肠分别改刀码放；上笼蒸制20分钟即可。

【特点】口味丰富，搭配合理。

◎鸡鸭血氽红薯粉

【用料】贵州红薯粉、贵州鸡血、贵州鸭血、贵州鸡杂、贵州鸭杂。

【做法】将鸡杂、鸭杂加黄酒、葱、姜、盐、白胡椒粉烧煮20分钟；加入鸡血、鸭血、红薯粉烧煮1分钟即可。

【特点】鲜香开胃，健康养生。

◎碧绿宝塔黑毛猪

【用料】黑毛猪五花肉、梅干菜、南瓜、四季豆、茄子。

【做法】将黑毛猪五花肉焯水，肉皮用老抽均匀涂抹油炸上色；锅中放葱、姜、八角、桂皮、老抽、糖烧煮50分钟捞出，用重物压平冷冻；用模具把肉切成宝塔状；梅干菜泡发洗净加入肉汤烧煮，填于宝塔肉内，上笼蒸制30分钟，扣于盘内，汤汁勾薄芡淋于肉塔上；南瓜、四季豆、茄子制熟，围边即可。

【特点】造型美观，独具特色。

◎虾蟹四季蒸土蛋

【用料】土鸡蛋、虾仁、蟹粉、干竹笋、香菇、火腿。

【做法】将土鸡蛋加水做成炖蛋；干竹笋泡制切末，加蚝油、鸡汁、高汤勾芡待用；干香菇泡制切末，加老抽、生抽、味精、糖勾芡待用；新鲜蟹粉加葱姜末，火腿肥膘丁炒制待用；虾仁过油后与前三样分四等分浇于炖蛋上即可。

【特点】营养丰富，色泽鲜艳。

◎文虎醇香土鸭

【用料】铜仁土鸭。

【做法】将土鸭洗净待用，用老抽腌制一下；开油锅炸至金黄待用；锅里放香料、京葱、生姜、海鲜酱、排骨酱、盐、味精、冰糖；把土鸭放入锅内小火慢煮2小时，收汁即可。

【特点】酱香入味，风味浓郁。

◎干笋南腿老母鸡

【用料】贵州老母鸡、贵州干竹笋、贵州火腿。

【做法】将老母鸡斩杀焯水；放入干竹笋、火腿片、葱、姜、水；旺火上蒸2小时即可。

【特点】配料精制，汤汁鲜香。

用料：铜仁带皮黑山羊后腿。

石湖花园宴

研发单位

苏州石湖金陵花园酒店

【冷菜】

白切黑山羊肉

贵州豉油鸡

桂花盐水鸭

黑毛猪酱肉

酸辣米豆腐

鸭蛋双拼

【点心】

盐菜酱肉包

【汤品】

苏味三件子汤

【热菜】

醇香酒焖黑猪肉

韭黄抓炒牛里脊

山药腊肉炒蕨根粑

香菇扒菜心

香辣带皮小黄牛肉

羊肚菌虾斗

羊肚菌竹荪炖排骨盅

【主食】

跑山牛肉面

精致美味 道道精品

贵州铜仁食材品质好，种类多，黑毛猪、小黄牛、羊肚菌、绿头野鸭、珍珠花生……这些在当地司空见惯的食材，转眼变成了苏州餐桌上的美味佳肴。在传统苏帮菜的基础上，毗邻“半湖碧玉”的石湖风景区的石湖金陵花园酒店利用铜仁食材研制出16道菜品，谓之“石湖花园宴”。

石湖金陵花园是一座以五星标准打造的大型综合性商务会议度假型酒店，高规格代表着高质量，无论是耗时良久的苏味三件子汤、醇香酒焖黑猪肉，层次丰富的山药腊肉炒菌根粑、韭黄抓炒牛里脊，还是看似简单却“吃功夫”的桂花盐水鸭、贵州豉油鸡，道道精品，都让人眼前一亮。

创新研发 面面俱全

酒店的研发团队实力雄厚，不仅有经验丰富的酒店总厨（蔡海兵与秦永和）亲力亲为，而且有两位资深级烹饪大师把关（汪成大师和曹祥贵大师），团队思维活跃、想法新颖、动手能力强，坚持推陈出新具有苏帮传统特色的菜品。整桌宴的研发色、香、味、形齐全，选料严谨、制作精细，彰显出厨师们对厨艺的“考究”。地道的苏州味在菜品形态、营养上做足了“花样”，大山深处的食材，经大厨创作，给人以美食艺术的视觉与味觉的享受。

羊肚菌虾斗

选材 选用铜仁山珍羊肚菌、太湖白虾仁。羊肚菌风味独特、味道鲜美可口、营养丰富肥美，有素中之荤的美名。太湖白虾壳薄肉嫩、晶莹剔透，出品胜于河虾（青虾）仁。

制作 翡翠虾斗是苏州当地名菜，特点是用青椒作为容器盛放虾仁，故称翡翠虾斗。羊肚菌虾斗与之有异曲同工之处。先将羊肚菌以40摄氏度左右温水泡发，然后清水洗净对半切开；再将虾去壳剔出虾肉，用蛋清调制入味，装入羊肚菌筒内；接着摆盘放入预热蒸箱10分钟即可；最后热锅加浓汤、加盐调味，用湿淀粉勾薄芡，出锅舀在羊肚菌虾斗上即成。羊肚菌清香爽口，虾仁鲜嫩柔软，两者相结合，成为一道美味菜品。

● 适宜人群

一般人群皆可食用。

● 食补养生

羊肚菌是食药两用的野生珍贵菌，含有丰富的蛋白质、多种维生素及多种氨基酸，是天然滋补品，具强身健体、增强人体免疫力的功效。虾仁含有的蛋白质高于鱼、蛋、奶数倍，富含钙、镁、钾、维生素等，经常食用有利于健康。

● 食用提示

虾多吃不易吸收，年老体弱者要适量。

香辣带皮小黄牛肉

选材 牛肉被称为“肉中骄子”，选用铜仁放养3~4年小黄牛，皮筋肉相连，弹力十足，肉质细嫩紧实，呈棕红色。

制作 将牛肉改刀成长方形；牛肉块入沸水烧开捞出，清洗待用；用调料、香料、贵州红油辣椒酱合制成卤水；随后把牛肉放卤水桶内烧煮1小时，再转小火焐30分钟；捞起放入炒锅收汁，淋上香辣油即可食用，口感Q弹鲜香、富有嚼劲。

石湖花园宴

研发推荐

补气健脾

适宜人群

一般人群皆可食用，气虚之人食用更佳。

食补养生

黄牛肉具有高蛋白、低脂肪的特点，常食对动脉硬化、高血压、冠心病有预防之效。

食用提示

牛肉是高蛋白食物，肾脏不好者不可多食。

◎黑毛猪酱肉

【用料】铜仁带皮黑毛猪方肋。

【做法】将铜仁带皮黑毛猪方肋，用盐腌制10小时后再用清水泡洗；锅中加水，入葱、姜、料酒后上炉灶烧开，小火焖3小时后出锅，拆骨压紧，冷后改刀用干荷叶包好即可。

【特点】酱香浓郁，肉香扑鼻。

◎桂花盐水鸭

【用料】贵州麻鸭。

【做法】将贵州麻鸭用花椒盐腌制10小时；入沸水后加香料包烧煮20~30分钟；捞起晾凉后，改刀装盘即可。

【特点】皮白肉嫩，香鲜味美。

◎鸭蛋双拼

【用料】铜仁野鸭皮蛋、铜仁野鸭咸蛋。

【做法】将皮蛋、咸蛋剥皮，改刀装盘配蘸料即可。

【特点】蛋体细腻，风味独特。

◎贵州豉油鸡

【用料】铜仁散养山上母鸡。
【做法】将铜仁山林散养母鸡洗净后，入沸水锅烧制，煮熟捞起改刀装盘，调制卤汁淋盘面上即可。
【特点】皮滑肉嫩，鲜香味美。

◎酸辣米豆腐

【用料】铜仁米豆腐。
【做法】将铜仁米豆腐改刀装盘用麻辣调料淋上即可。
【特点】油重色浓，酸辣适口。

◎韭黄抓炒牛里脊

【用料】小黄牛里脊肉、韭黄。
【做法】将小黄牛里脊肉改刀切丝上浆待用；韭黄切段，锅上炉烧至七成热放油，将上好浆的牛肉丝下锅划油，锅上炉灶大火先炒韭黄，再放牛肉丝同炒，然后放入卤汁翻锅，最后淋上香油即可。
【特点】韭黄鲜香，肉丝滑嫩。

◎羊肚菌竹荪炖排骨盅

【用料】黑毛猪肋排、羊肚菌、竹荪。
【做法】将黑毛猪肋排拆块沸水洗净待用；羊肚菌和竹荪用温水泡发洗净；炖盅内放上排骨、羊肚菌、竹荪，用高汤调好味上笼蒸50分钟即可。
【特点】味道鲜美，气味芳香。

石湖花园宴

研发菜品

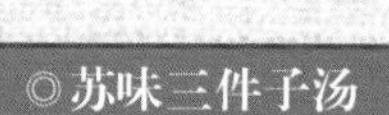

◎苏味三件子汤

【用料】铜仁野鸭、铜仁老母鸡、黑毛猪蹄髈。

【做法】将铜仁绿头野鸭、铜仁跑山鸡、黑毛猪蹄髈沸水洗净；大号砂锅上炉灶，食材下锅加葱、姜和料酒；烧开后改小火烧3小时至酥烂，加盐调味即可。

【特点】汤清味醇，香气馥郁。

◎山药腊肉炒蕨根粑

【用料】铜仁蕨根粑、铜仁腊肉、山药。

【做法】选用铜仁蕨根粑、腊肉、山药；铜仁腊肉上笼蒸熟，山药切片，蕨根粑切片；将所有食材起锅大火爆炒，加调味汁，翻锅装盘即可。

【特点】清甜爽口，酥脆软糯。

◎醇香酒焖黑猪肉

【用料】黑毛猪方肋条肉。

【做法】选用黑毛猪方肋条肉，切1寸方块；清水洗净后用葱姜、八角、酱油、盐、糖、醇香酒焖烧1小时，小火焐30分钟至酥烂酱红色即可。

【特点】醇厚浓郁，柔嫩多汁。

◎跑山牛肉面

【用料】贵州思南黄牛、苏式细面、牛肉高汤。

【做法】将牛肉洗净切小块，采用“黄焖”技法制成牛肉浇头；起锅沸水后煮面；面碗内加入滚烫牛肉高汤，煮好的面淋上卤制好的浇头即可。

【特点】汤汁鲜美，味道浓厚。

◎香菇扒菜心

【用料】铜仁小香菇、苏州青梗小青菜。

【做法】将苏州青梗小青菜心改十字刀，起油锅爆炒；铜仁小香菇起油锅爆炒，用高汤焐至收汁起锅装盘即可。

【特点】青翠碧绿，脆嫩可口。

◎盐菜酱肉包

【用料】贵州晴隆盐菜、苏州酱肉。

【做法】先揉面、醒面、制面皮；后将盐菜与苏州酱肉、酱肉卤汁调制；包好放入笼屉内再醒发约10分钟开火蒸，小火20分钟后关火焖5分钟即可出笼。

【特点】咸中带甜，酱鲜肉香。

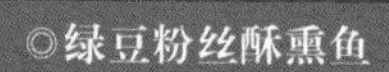

用料：贵州绿豆粉丝

苏式熏鱼

新城鸿运宴

研发单位

苏州新城花园酒店

冷菜

脆炸荞麦杏鲍菇

贵州酸菜花生米豆腐

绿豆粉丝酥熏鱼

铜仁皮蛋四色糕

盐焗铜仁土鸡

糟辣酱白切黄牛肉

热菜

风味竹笋野鸭

贵州酸汤宽粉鱼头王

铜仁腊味巧双拼

铜仁食材大暖锅

糟辣椒焖土鸡

灶烧铜仁羊肉

点心

黑洋酥糍粑卷

绿壳鸡蛋薯粉绣球酥

主食

虾仁冬笋煨苦荞皮

因材施艺 本物本味

在2018年末“贵州材·苏州味”美食品鉴研发活动中，坐落于京杭大运河畔的苏州新城花园酒店（五星级）创新研制的“新城鸿运宴”，一共15道菜品，每道菜品运用了炖、焖、煨、焐等不同的烹饪技艺，融合了苏州味道的色、香、味、形，并且通过精美的摆台造型，将原生态无污染的铜仁食材的魅力完美地展现出来，最大限度地还原食材本真，分享食物本味。

袁枚在《随园食单》中说：大抵一席佳肴，司厨之功居其六，买办之功居其四（意思是一桌菜肴成功与否，原料的采购要占到四成）。通过研发菜品的展示，使品鉴市民对高原山区食材充满了好奇与兴趣。

传播分享 优质食材

时任新城花园酒店餐饮部的行政总厨倪清，1990年开始从事餐饮行业，1998年进入酒店，历经多届中国苏州美食节，并且取得金奖、特金奖等各项荣誉，曾参加央视厨王争霸赛，以第一名的优异成绩，荣获“2017年央视厨王”称号。

对于菜品研发，倪清大师颇有感悟：“大山里优质食材能提升菜品的档次，尽管价格略高，但品质与价格是对等的，是有市场前景的，特别是宾馆餐饮，顾客追求品质。这样的研发品鉴活动，会激发厨师的灵感，犹如比赛般的活动，同样的食材，各家用各不相同的做法，却都万变不离苏帮菜其宗，类似央视厨王争霸赛的形式，特别有趣。”

灶烧铜仁羊肉

选材 灶烧铜仁羊肉选用贵州沿河白山羊，羊肉肉质细嫩，肌肉间有脂肪分布，膻味轻，富含赖氨酸和谷氨酸，板皮纤维致密，厚薄均匀，张幅适中，质地柔韧，富有弹性。这种羊肉组织柔软光滑，只含有少量的细腻油脂，最适合用来炖煮。

制作 首先，将羊肉切大块；其次，加入红曲粉、辣椒、盐、味精、糖，烧熟后炖煮至熟烂；最后，装盘撒大蒜叶、葱丝即可，用简单的辅料及烹饪技艺带出羊肉本身的风味。苏州的红烧羊肉一般是浓油赤酱的甜口，此道灶烧羊肉，却是少甜口味，上色主要依靠红曲粉，加姜去膻，咸度辣度都不高，能尝到羊肉本身的香气。更重要的是，羊肉烧得极透，肥瘦适宜，香糯软嫩的口感更是让人惊艳。

补中益气

● 适宜人群

一般人群都可以食用，尤其适用于体虚胃寒者。

● 食补养生

常吃羊肉可以祛湿气、避寒冷、暖心胃，对提高身体免疫力十分有益。俗话说『冬吃羊肉赛人参，春夏秋食亦强身』。

● 食用提示

如有急性炎症、外感发热等症，都应少食羊肉。

新城鸿运宴

研发推荐

铜仁食材大暖锅

选材 铜仁食材大暖锅主料选用蛋饺、贵州腊肉、太湖虾、苏式熏鱼、贵州牛肉、贵州猪肚等。暖锅锅底是大白菜，蛋饺代表元宝、熏鱼代表年年有余，牛肉、猪肚和腊肉均来自铜仁。

制作 首先，将大白菜沸水煮后垫在暖锅内；其次，所有主料切片盖在大白菜上；最后，加鸡汤，炭火烧开即可。菜品特点是营养丰富，寓意美好，最大程度地保证营养不流失。

气血双补

● **适宜人群**

暖锅以鸡汤为汤卤，味道鲜美，非常适合老人、儿童和『怕辣者』食用。

● **食补养生**

味从煮中来，香自火中生，暖锅适合冬令进补，气血养生调理。

● **食用提示**

喝暖锅汤（如鸡汤）应趁早，主要是为了减少脂肪、盐、嘌呤、亚硝酸盐等的摄入。

◎糟辣酱白切黄牛肉

【用料】铜仁思南黄牛。

【做法】将黄牛肉蒸熟入冰箱冷冻，冻硬后切片；黄瓜切片配上香菜、蒜末、洋葱末、尖椒末；糟辣酱、糖、花生酱、生抽、辣鲜卤、白芝麻、辣油调成汁。

【特点】肉质紧密，糟辣酱香。

◎铜仁皮蛋四色糕

【用料】铜仁皮蛋、铜仁火腿、铜仁绿壳蛋。

【做法】将皮蛋切好，火腿切好；加入鸡蛋清，小火蒸12分钟拿出；加入鸡蛋黄蒸12分钟，切片装盘即可。

【特点】独具创意，入口嫩滑。

◎脆炸荞麦杏鲍菇

【用料】贵州杏鲍菇、贵州荞麦皮。

【做法】将杏鲍菇切片入五成油温锅炸至金黄色；荞麦皮入七成油温锅炸至脆；杏鲍菇加入蚝油、辣鲜卤、糖、香菜末、蒜末拌匀。

【特点】香脆可口，风味十足。

新城鸿运宴

研发菜品

◎贵州酸汤宽粉鱼头王

【用料】太湖花鲢鱼头、贵州红薯宽粉、贵州红酸汤、土豆、番茄。

【做法】将鱼头双面入锅煎后上笼蒸熟；土豆、番茄、宽粉加入酸汤；调味装盘，鱼头放入盘中即可。

【特点】酸爽鲜香，宽粉口感滑爽。

◎贵州酸菜花生米豆腐

【用料】贵州米豆腐、贵州盐酸菜、贵州花生。

【做法】将米豆腐在盐水中煮一下，过凉切块；盐酸菜切末加入蒜末、葱末、辣油、糖、尖椒末；淋在米豆腐上撒上花生仁即可。

【特点】酸香辣甜，风味小食。

◎盐焗铜仁土鸡

【用料】铜仁土鸡。

【做法】将所有调料（盐焗鸡粉、沙姜粉、黄姜粉、盐、味精、鸡精、白酒）与纯净水调和；放入土鸡，烧开焖30分钟；取出过冰水定型后，切片装盘即可。

【特点】皮脆肉滑，骨香味浓。

◎双味竹笋野鸭

【用料】松桃野鸭、梵净山竹笋、苏州青菜、松桃鸭蛋。

【做法】将一部分鸭子加酱油炸上色，烧熟改刀扣碗；一部分鸭子白烧然后改刀，加火腿、竹笋捆绑在一起；鸭蛋蒸熟一切二，青菜取头改刀成小花烫熟装盘即可。

【特点】制作精细，酥软爽脆。

◎绿壳鸡蛋薯粉绣球酥

【用料】铜仁绿壳鸡蛋、红薯粉丝。

【做法】将鸡蛋炒熟，粉丝切小与鸡蛋拌匀调味成馅；面粉与猪皮起酥制成酥皮包入馅心；上油锅炸至成形，装盘即可。

【特点】酥脆松软，造型美观。

◎糟辣椒焖土鸡

【用料】铜仁跑山鸡。

【做法】将土鸡切块加酱油入锅炸；加糟辣椒、蒜头、酱油、海鲜酱、盐、味精、糖；烧制成熟加绿花椒装盘。

【特点】糟辣开胃，其味无穷。

◎黑洋酥糍粑卷

【用料】铜仁糍粑饼、黑洋酥。

【做法】将黑洋酥与白糖酥拌匀待用；糍粑饼上煎锅煎熟压成薄饼，撒上黑洋酥；把糍粑饼卷成卷，趁热切菱形块，装盘即可。

【特点】软糯绵滑，甜而不腻。

◎虾仁冬笋煨苦荞皮

【用料】苦荞皮、虾仁、冬笋。

【做法】将苦荞皮热水泡软待用；虾仁、冬笋切片烧熟待用；高汤烧开放入苦荞皮煨入味，然后加入虾仁、冬笋炖；出锅装盘即可。

【特点】清醇荞香，健康营养。

◎铜仁腊味巧双拼

【用料】贵州腊肉、贵州腊肠、日本南瓜。

【做法】将日本南瓜切成块；腊肉、腊肠切片；三者摆盘后上笼蒸1分钟，葱丝响油即可。

【特点】熏香浓郁，食之不腻。

新城鸿运宴

研发菜品

◎腊味芝士焗土豆

用料：铜仁腊肉、土豆。

苏苑园林宴

研发单位

苏州苏苑饭店

冷菜

碧绿馨香黄牛肉

干贝焗花生豆瓣

蒜香白切黑香猪

田园米豆腐沙拉

五彩玛瑙野鸭蛋

一口香金钱菇

点心

腊味芝士烤土豆

桂花酒酿糍粑羹

热菜

吊锅稻草野味鸭

冬令滋补鱼羊鲜

卷饼韭香野鸭蛋

腊味炒蕨粑

美极香烤黑香猪

七公秘制叫花鸡

巧手香菇石榴包

酸汤浸蝴蝶虾

西式羊肚菌小炒皇

御香龙井绿壳蛋

美味有约

用18道精工菜肴创作的“苏苑园林宴”，有其特殊含义。宴席研发单位——苏州苏苑饭店，坐落于苏州南大门东吴北路，酒店具有浓郁的园林特色和亭台楼阁之美，因此宴席的呈现与定位符合苏州园林中的经典造景艺术。

宴席中的主食材都来自贵州铜仁，酒店运用讲究的苏帮烹饪技艺，宴中叫花鸡的香美、黑香猪的油亮、糍粑羹的鲜甜、石榴包的诱人，不刻意追求卖相，却将铜仁、苏州两地滋味盛装其中，完成从食材到美食的演绎，呈现“传统为体，创意为用”的独特盛宴。

匠心独运

“苏苑园林宴”创作团队以酒店主厨马长军为首，在菜品研发上独具匠心，在相同的原料条件下，融合南北风格口味，以传统烹技为基础，突出食材本色原味，讲究简约，并且在中餐的基础上借鉴西餐的做法，进行中西结合的创新。其中蒸菜类把握配料和火候，确保主料口感，不破坏食物的营养成分；炒菜类掌握火候，鲜嫩可口，咸淡适宜，讲究投料顺序，宴席中的每一味菜肴繁简得当，构成园林宴特有风味。

◎蒜香白切黑香猪

用料：铜仁黑毛猪。

美极香烤黑香猪

选材 原料选用铜仁黑毛猪后腿肉部位。黑毛猪是铜仁特有猪种，生态放养，食野草、杂粮、山间水，肉鲜亮呈红色，肉质鲜嫩有弹性。烹食手法选香烤，体现黑毛猪本真香味。

制作 先去除猪肉表面筋膜，再切成2~3毫米的薄片，将梨汁配料均匀涂抹在肉片上，放入冰箱冷藏1小时；锅内加少许油烧热，放入腌制冷藏的肉片；煎至肉片变色，肉片的肥油部分变黄时夹出控油，撒上孜然粉、辣椒粉翻炒均匀即可。表皮香脆，弹性十足。

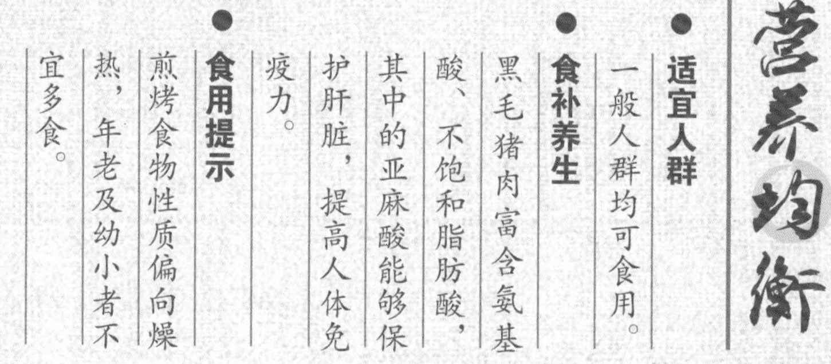

西式羊肚菌小炒皇

选材 小炒皇地域特色明显，选材无定式，需讲究食材色彩、口味的搭配。苏苑饭店研发此菜品，选铜仁梵净山珍羊肚菌为主料，搭配茶树菇、鲜贝、蜜豆、胡萝卜。

制作 将羊肚菌泡发洗净，对半切开；茶树菇、鲜贝、蜜豆、胡萝卜分别洗净切配，氽水后捞起待用；起油锅，将所有材料下锅爆炒，火力要猛，动作得快，在几分钟内一气呵成，成品味道清爽，色泽亮丽。菜品创新之处在于用面包片作盛器，为菜品增色添彩，效果奇佳。

苏苑园林宴

研发推荐

降脂排毒

适宜人群

一般人群皆可食用。

食补养生

菌菇类营养丰富，含有较多蛋白质、碳水化合物、维生素、微量元素、矿物质，常食用菌菇能促进人体营养吸收。

食用提示

菌菇中嘌呤的含量较高，有痛风症者不宜多食。

◎碧绿馨香黄牛肉

【用料】思南黄牛、青笋干。

【做法】将青笋干泡发脱水，加入调料调味后定型装盆；黄牛肉洗净放入锅中，将牛肉卤熟，晾凉切片后放入油锅中炸制，放烧汁翻均匀后与青笋干一同摆盘即可。

【特点】翠绿鲜嫩，富有嚼劲。

◎干贝焗花生豆瓣

【用料】铜仁珍珠花生、青豆瓣。

【做法】将花生、豆瓣炸至酥脆，随后加入干贝酱和糖翻炒均匀，装盘即可。

【特点】酥脆可口，鲜香味美。

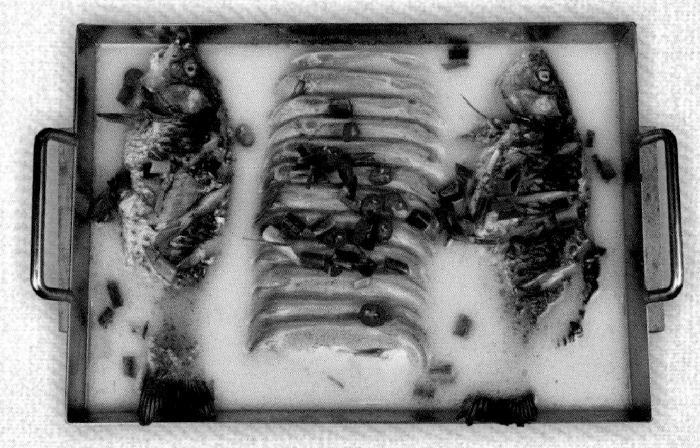

◎田园米豆腐沙拉

【用料】铜仁米豆腐、紫薯、甜沙拉酱、巧克力粉。

【做法】将米豆腐切丁，起油锅将其炸至熟；紫薯切丁后蒸熟；二者放一起拌上甜沙拉酱，再撒上可食用巧克力粉即可。

【特点】金黄干脆，味香纯正。

◎冬令滋补鱼羊鲜

【用料】铜仁跑山羊、太湖鲫鱼。

【做法】将羊肉炖熟，晾凉切片待用；另起油锅将鱼煎至两面金黄待用；取锅放入羊肉、鱼、清水共同炖制40分钟，装盆即可。

【特点】香醇浓郁，鲜美无比。

苏苑园林宴

研发菜品

◎五彩玛瑙野鸭蛋

【用料】松桃野咸鸭蛋、松桃野鸭皮蛋、胡萝卜、青椒。

【做法】将生咸鸭蛋打一洞，将蛋清取出，皮蛋、胡萝卜、青椒切丁，与蛋清一同放回鸭蛋内，上锅蒸10分钟左右，切好摆盘即可。

【特点】可口美味，营养丰富。

◎一口香金钱菇

【用料】铜仁金钱菇、青菜。

【做法】将金钱菇改刀后炸干，再放少许烧汁翻炒均匀装盘，青菜煮熟后摆盘即可。

【特点】香气沁人，营养丰富。

◎吊锅稻草野味鸭

【用料】松桃野鸭、香葱、稻草。

【做法】将野鸭放入卤料中烧制2小时左右，直至汤汁稀少而黏稠，另起油锅爆香葱；将鸭子捞出后放置在稻草上装盘，香葱置鸭身，淋上卤鸭汁即可。

【特点】卤味四溢，口齿留香。

◎腊味炒蕨粑

【用料】铜仁腊肉、铜仁蕨粑、卷心菜。
【做法】将腊肉和蕨粑洗净，过油后摆盘；另起锅炒卷心菜，加入适量青红椒做点缀；将卷心菜一同摆盘即可。
【特点】干脆爽口，肥而不腻。

◎卷饼韭香野鸭蛋

【用料】松桃野鸭蛋、面饼、韭菜。
【做法】将面饼蒸熟，摆盘一周，再将韭菜切碎后和鸭蛋同炒，炒熟调味后摆盘置中即可。
【特点】鲜香美味，面皮筋道。

◎七公秘制叫花鸡

【用料】铜仁跑山鸡、面粉。
【做法】将跑山鸡洗净后用香料腌制8小时；鸡放入荷叶中，将其包裹好；取适量面粉制成面团，将面团擀成一张大圆片，荷叶鸡放入中间，用面片包裹起来；放入烤箱烤制3小时左右，烤好后取出，敲开面团，即可食用。
【特点】荷香扑鼻，酥烂肥嫩。

◎巧手香菇石榴包

【用料】铜仁小香菇、越南春卷皮。
【做法】将香菇切成丁状，起锅炒至入味后，包入泡软的春卷皮，用西芹丝将石榴包口扎起，摆盘即可。
【特点】晶莹剔透，清爽诱人。

苏苑园林宴

研发菜品

◎酸汤浸蝴蝶虾

【用料】贵州红酸汤、铜仁笋干、蝴蝶虾、蟹棒。

【做法】将笋干泡发，洗净待用；蝴蝶虾与蟹棒氽水，起锅入红酸汤、笋干、蝴蝶虾、蟹棒，一同煨至入味即可。

【特点】酸爽开胃，回味悠长。

◎御香龙井绿壳蛋

【用料】铜仁绿壳鸡蛋、龙井茶。

【做法】将绿壳鸡蛋放锅内煮熟，然后将鸡蛋加入香料茶水中浸泡入味即可。

【特点】咸香入味，口感Q弹。

◎桂花酒酿糍粑羹

【用料】铜仁糍粑、苏州酒酿、苏州桂花。

【做法】将糍粑切成小丁状，加水烧开；加入酒酿后打芡，加入适量蜂蜜和桂花即可。

【特点】糍粑软糯，桂花清香。

◎虾仁干丝绿豆面

【用料】贵州绿豆面、手剥虾仁、香干丝、木耳、毛豆。

吴中运河宴

研发单位
苏州澹台湖大酒店

【冷菜】

干果米豆腐沙拉
麻辣黄牛肉干
酥花生炝拌海螺
酸菜酥串条
糟辣椒皮蛋白玉
滋味金钱香菇

【热菜】

慈姑冬笋蒸腊味
稻香草捆山羊方
干笋毛豆鲜河虾
蕨菜粑红烧野鸭
苦荞皮野猪肉松
酸汤浸三丝鳜鱼
蟹粉瑶柱米豆腐
羊肚菌炒鱼面筋

【汤品】

竹荪面筋笃土鸡

【点心】

桂花糍粑鸡头米
蟹粉蹄筋野鸭蛋

【主食】

虾仁干丝绿豆面

东西协作 共享健康

2018年末的“贵州材·苏州味”美食品鉴活动，在苏州市连续举办了3天。坐落于苏州城南、千年京杭大运河畔的澹台湖大酒店倾情研发“吴中运河宴”（共18道菜品），在活动最后一天惊艳亮相。

该宴所用菜品均以原生态的铜仁本土食材为主，如高原山地的跑山羊、跑山鸡，苗王湖中的松桃野鸭，梵净山麓的绿色山珍，传统手作绿豆面、红薯粉等。每一道食材通过厨师们精湛的技艺，经过反复的组合与搭配，最大限度地保留苏帮菜的制法及风味，呈现出具有地区代表性的风貌特征，集中了人们崇尚自然和健康生活的现代理念，使贵州的食材走出山城，与苏州的百姓共享健康养生饮食之道。

食材精选 技艺考究

澹台湖大酒店总厨孙佩洪系福建厦门人，虽为“80后”，却有着18年的中餐烹饪经历，现拜师资深级中国烹饪大师、苏帮菜宗师、苏帮菜非物质文化遗产传承人张子平门下，精通粤菜、闽菜及苏帮菜，熟悉中国各大菜系并加以研究学习。说起烹饪，孙佩洪头头是道：“烹调中什么最难？看着都似简单，其实‘简’为最难。贵州的农产品，大多数都是极普通的食材，但要做出好味道并不容易。如家禽类、畜牧类的食材，本身都是‘有味’的，要把握火候吊出精髓；如竹荪、羊肚菌等‘无味’的，则要靠味汁渗入其中。上好的味汁，要选取瑶柱火腿等上品，用上汤熬制，有一定的黏稠度，这些靠标准来做是不会出佳品的，是要靠中餐烹饪经验，靠对现场的各环节的掌控。”

吴中运河宴

研发推荐

稻香草捆山羊方

选材 选用上好的带皮铜仁山羊排，苏州当地的稻草。制法源自苏州当地的稻草扎肉，属于一道比较经典的农家土菜。用稻草既可以避免熟烂的肉块碎掉，同时也可以让肉块带有稻草的香味，让肉不再是单调的甜腻味道。

制作 羊排剁成4厘米正方形块，用草绳捆扎好，放在绛红色的卤水中细火慢熬，稻草的清香和卤水的鲜美就会慢慢地渗透到肉里，肉里夹着浓浓的卤酱香，又透着淡淡的草叶的清香。肉皮超级弹牙、肉质肥而不腻，形制同江南水乡丰富而扎实的韵味一样，值得细细品味。

开胃健力

●适宜人群 一般人群都可以食用，尤其适用于小孩、常感体虚胃寒者。

●食补养生 常吃羊肉可以祛湿气、避寒冷、暖心胃，对提高身体免疫力十分有益。俗话说『冬吃羊肉赛人参，春夏秋食亦强身』。

●食用提示 有急性炎症、外感发热等症者，应少食羊肉。

竹荪面筋笃土鸡

选材 选择贵州铜仁山区放养的土鸡，这种鸡多靠吃山上的青草、蘑菇、野虫为生，肉质紧实、营养价值高。

制作 竹荪面筋笃土鸡，是一道冬季滋补汤品。选择竹荪、羊肚菌作为原材料，具有独特的无可比拟的清鲜风味。其质地脆嫩疏松，能够饱吸鲜汤汁，使味道愈见鲜美而爽口。首先，需要制作面筋，面粉加盐和面团醒发一夜，洗面筋后酿入肉酱；其次，要泡发竹荪和羊肚菌；再次，得土鸡洗净飞水，加入姜、葱、清水和火腿粒，用小火焖2小时；最后，加入羊肚菌、竹荪、面筋慢火熬炖半小时，达到柔滑不失弹性、软嫩中却带爽脆的质地即可，成品汤汁鲜美。

温中益气

● 适宜人群

一般人群皆可食用，尤其适用于体虚者。

● 食补养生

竹荪具有宁神健体、清热利湿的功效；羊肚菌可和胃消食，理气化痰；鸡肉对营养不良、乏力疲劳有很好的食疗作用。

● 食用提示

常食可温中益气、健脾胃、强筋骨。

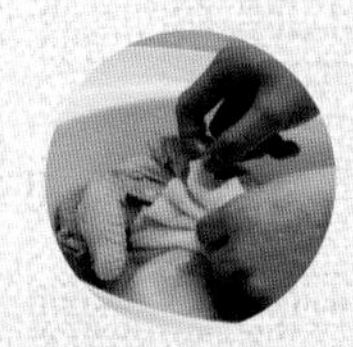

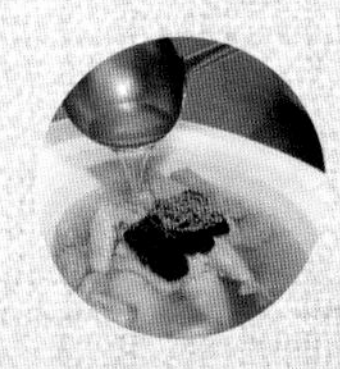

◎滋味金钱香菇

【用料】铜仁金钱香菇。
【做法】将香菇泡水加香料和姜、葱、蒜等；调味小火烧制1小时。
【特点】滋味丰富，咸鲜糯滑。

吴中运河宴

研发菜品

◎麻辣黄牛肉干

【用料】贵州黄牛肉、贵州辣椒面。
【做法】将牛肉切条腌制后卤制；加调味辣椒面入烤箱烤干。
【特点】咸鲜干香，微麻微辣。

◎酸菜酥串条

【用料】贵州酸菜、太湖串条鱼。
【做法】将串条鱼加姜、葱、黄酒腌制炸酥脆；酸菜切末加姜末、葱白末、蒜片煸炒；调味加入串条鱼烧至入味装盘。
【特点】酥脆鲜香，开胃下酒。

◎羊肚菌炒鱼面筋

【用料】贵州羊肚菌、黄耳、太湖鲢鱼、小青菜心。

【做法】将鲢鱼取肉，调味后加入面粉制作成鱼腐；青菜心炒好围一圈；鱼腐加羊肚菌、黄耳等炒好装盘。

【特点】口感滑嫩，营养丰富。

◎蟹粉蹄筋野鸭蛋

【用料】野鸭蛋、蟹粉、水发蹄筋。

【做法】将野鸭蛋做成水蛋用蛋壳装；蟹粉加姜、葱、黄酒炒香加入蹄筋调味，淋于水蛋中，以葱花点缀。

【特点】蹄筋软糯，蟹粉鲜香。

◎酥花生炝拌海螺

【用料】贵州花生米、海螺肉。

【做法】将花生米炸香；海螺肉加姜、葱、黄酒灼熟切块，调糖醋口味。

【特点】酸辣香甜，口感爽脆。

◎干果米豆腐沙拉

【用料】贵州米豆腐、土豆、红薯、玉米粒、碧根果仁。

【做法】将米豆腐过沸放凉；土豆和红薯切粒蒸熟；加沙拉酱搅拌均匀后装盘。

【特点】健康营养，口感滑嫩。

吴中运河宴

研发菜品

◎酸汤浸三丝鳜鱼

【用料】材料选用太湖鳜鱼、贵州土鸡蛋、贵州红酸汤、火腿丝、冬笋丝、胡萝卜丝、水芹。

【做法】将鳜鱼取鱼片浆制，做成三丝鳜鱼卷；把鳜鱼卷上笼蒸熟；芙蓉蛋底放入三丝鳜鱼卷；红酸汤加鳜鱼骨熬汤调味，淋在鱼卷上。

【特点】色形美观，鱼卷酥滑。

◎糟辣椒皮蛋白玉

【用料】贵州皮蛋、嫩豆腐、糟辣椒酱。

【做法】将皮蛋蒸熟切片；豆腐垫底；糟辣椒加姜、葱、蒜熬香淋在表面。

【特点】色彩鲜艳，佐餐开胃。

◎慈姑冬笋蒸腊味

【用料】贵州黑香肠、贵州腊肉、带芽小慈姑、冬笋、蜜豆。

【做法】将慈姑、冬笋垫底，香肠腊肉切片摆表面；上笼蒸8分钟，葱花响油；中间撒蜜豆粒点缀。

【特点】腊香浓郁，不失其鲜。

◎干笋毛豆鲜河虾

【用料】贵州茶笋干、太湖河虾、毛豆。

【做法】将笋干浸泡冲水去咸味；加高汤、姜、葱蒸透改刀；河虾和笋干一起烧制加入毛豆。

【特点】河虾入味，笋香浓郁。

◎蟹粉瑶柱米豆腐

【用料】米豆腐、手拆太湖蟹粉、干瑶柱丝。

【做法】将米豆腐过沸；锅内加入姜、葱、蟹粉炒香；烹入黄酒后加入高汤瑶柱丝调味；下入米豆腐勾薄芡装盘。

【特点】口感滑嫩，风味独特。

◎苦荞皮野猪肉松

【用料】贵州野猪肉、凤冈苦荞皮、酸豆角、野山椒、马蹄、香菇。

【做法】将苦荞皮炸成盏形；野猪肉切末，加入酸豆角、香菇末、马蹄、野山椒等炒香；把炒好的野猪肉松装入炸好的苦荞皮盏中。

【特点】香脆可口，味感丰富。

◎蕨菜粑红烧野鸭

【用料】贵州野鸭、贵州蕨菜粑。

【做法】将野鸭砍块过沸；蕨菜粑改块入油锅炸好备用；野鸭加香料调味烧90分钟；加入炸好的蕨菜粑烧汁20分钟出锅装盘。

【特点】口味独特，营养丰富。

◎家烧野鸭

【用料】贵州老鸭、卤汁。

桃园五福宴

研发单位
苏州桃园国际度假酒店

冷菜

卤汁小香菇
双味鸭蛋
糖衣花生米
香干盐菜

热菜

红酸汤煨蛙蛙叫
家烧野鸭
腊味双拼
绿叶母子相会
秘制铜仁牛肉
石锅带皮羊肉
盐酸菜蒸大虾
瑶柱贵妃鸡
野笋干烧黑毛猪

汤品

羊肚菌明骨盅

点心

棉菜粑团
香煎花甜粑

海纳百川促了解

2018年末，苏州桃园国际度假酒店参与了“贵州材·苏州味”美食品鉴研发活动，推出一席“桃园五福宴”，融汇黑毛猪、跑山牛、沿河山羊、松桃野鸭等共20余种贵州铜仁食材。酒店位于高新区中心，位置优越，交通便捷，环境幽静，是一家花园别墅式四星级酒店。

宴席包括冷菜4道，热菜9道，汤品1道，点心2道，共16道菜品。每一道菜品的色、香、味、形均有独到之处，坚守着传统苏帮菜点做工精湛的“魂”，特色鲜明，口味恰似吴侬软语，委婉糯甜，余味绵延。

苏味十足话传承

酒店总厨尤锦贵（资深级中国烹饪大师曹祥贵徒弟），带领团队中多名骨干，以传统苏帮菜技艺研制，在保持“味”的基础上将传统菜肴升华，让出品更符合现代人的饮食习惯，更符合当今的健康理念。

对于本次美食品鉴研发活动，尤锦贵总厨发自内心地感慨，这次活动让他长见识、扩视野，他很有感悟：“不仅仅是贵州食材需要进入苏州市场，更是苏帮菜要借助各种时机走出去，而不只局限于苏州、无锡、常州等地。苏帮菜需要海纳百川，在坚守中提升，在弘扬中推广。师傅常对我说，作为新一代的苏帮菜传承人，不仅要了解当下人们的需求及市场的变化，更要留住老味道，将所学的技艺与知识融汇渗透于苏帮菜菜肴当中，将对技艺的理解和文化内涵结合，形成品牌特色。”

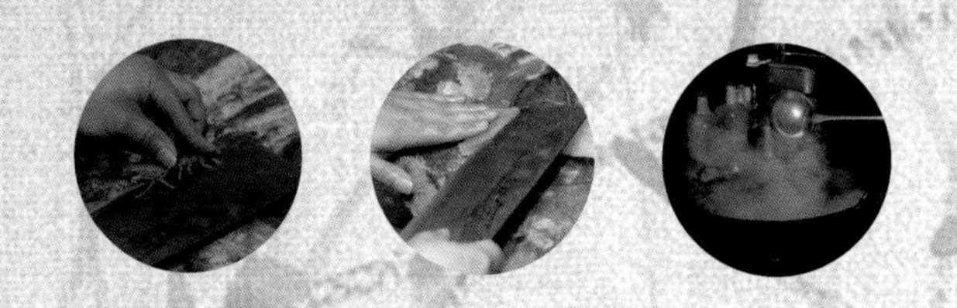

盐酸菜蒸大虾

选材 这道盐酸菜蒸大虾，选用养殖大海虾，辅以贵州盐酸菜。盐酸菜是贵州人在长期与自然界和谐生存的过程中，逐步形成和发展起来的民族特色菜肴，根植于当地民族数百年的生产和生活实践，并成为贵州人生活不可或缺的组成部分。在贵州，有句谚语："三天不吃酸，走路打蹿蹿（趔趄）。"在贵州，几乎每家都腌制酸菜。

制作 将虾打理干净，去虾脚、虾须、虾线，下水煮熟，随后起锅将虾摆盘，上置贵州盐酸菜，再上笼蒸制即可，时间控制在10~15分钟（需要根据虾身大小来定时），时间太久会导致鲜味流失，肉质变老变柴。菜成品入口酸，带点辣味，中味鲜，收口甜。

增强免疫

●适宜人群

一般人群均可食用。

●食补养生

海虾富含蛋白质、钙、磷、镁，常食用可以保护心血管系统，减少血液中胆固醇含量，延缓衰老。

●食用提示

对海鲜过敏及患有过敏性疾病（过敏性鼻炎、过敏性皮炎、过敏性紫癜等）的人应慎食。

羊肚菌明骨盅

选材 羊肚菌明骨盅，主料之一为贵州灵原羊肚菌。羊肚菌是一种珍稀食用菌，独有清香鲜爽的口感，用羊肚菌煲汤可谓是一绝。民间有“年年吃羊肚，八十照样满山走”的俗语。另外选用具有降低血脂、改善动脉供血不足的鱼明骨与其一同炖制，二者的口感、营养均可谓是上品。

制作 将羊肚菌与明骨泡发，放入炖盅，加入冬笋和火腿，冲入母鸡清汤，盖上盅盖后上笼炖，靠蒸气传热至骨盅内，这样炖出的汤营养不流失，原汁原味，食材本身的香气被保留下来，成品鲜香汤清，营养丰富。

强身健体

适宜人群

一般人群均可食用，特别适合脑力工作者。

食补养生

羊肚菌明骨盅结合羊肚菌与鱼明骨二者功效，营养丰富，具有很好的防癌、增强人体免疫力的功效。

食用提示

羊肚菌含有一定的药效成分，婴幼儿及年老体弱者，应食之有度。

◎卤汁小香菇

【用料】精选贵州小香菇、特制卤汁。
【做法】将精选小香菇泡水30分钟；泡发香菇放入沸水煮1分钟；捞出放入调好的卤汁内，大火收汁即可。
【特点】肉质紧密，糟辣酱香。

◎香干盐菜

【用料】白五香香干、盐菜。
【做法】将盐菜放入锅中煸炒10分钟；白香干切丁放入炒好的盐菜中；搅拌均匀即可装盘食用。
【特点】酸香爽口、弹牙筋道。

◎棉菜粑团

【用料】贵州棉粑团。
【做法】上笼蒸制。
【特点】馅心咸鲜，饼皮弹滑。

◎双味鸭蛋

【用料】松桃皮蛋、咸鸭蛋。
【做法】将皮蛋去壳，切丁备用；将咸鸭蛋清倒出，蛋黄留在壳内；将切好的皮蛋丁倒入蛋清中搅拌均匀;倒入蛋壳内上笼蒸12分钟即可。
【特点】盘面精致，口味丰富。

◎腊味双拼

【用料】精选贵州腊肉、腊香肠。
【做法】将腊肉、腊肠蒸熟；冷透改刀装盘即可。
【特点】烟熏味香，咸鲜不败。

◎铜仁牛肉粒

【用料】贵州铜仁黄牛肉、稻草、卤水。
【做法】将黄牛肉剁块；用稻草捆扎后入卤水卤制。
【特点】酥烂绵软，酱香回味。

桃园五福宴

研发菜品

◎绿叶母子相会

【用料】贵州老鸭、贵州松桃鸭蛋。

【做法】将鸭蛋卤熟；辅以苏式母油鸭肉扣入碗中。

【特点】酱汁鲜甜，入口绵烂。

桃园五福宴

研发菜品

◎香煎花甜粑

【用料】贵州花甜粑、红薯粉、糖桂花。

【做法】将花甜粑切块；粘红薯粉煎制；熟后撒入糖桂花，装盘即可。

【特点】花香扑鼻，糕质软糯。

◎野笋干烧黑毛猪

【用料】德江黑毛猪、铜仁竹笋干。

【做法】将猪肉剁块；笋干泡发；将猪肉与泡发的笋干加调料一起煨制；起锅装盘即可。

【特点】酱香浓郁，入口即化。

◎瑶柱贵妃鸡

【用料】武陵老鸡 、瑶柱丝。

【做法】将老鸡氽水捞起后辅以干贝丝上笼蒸熟；淋汁即可。

【特点】口味鲜香，鸡肉滑嫩。

◎红酸汤煨蛙蛙叫

【用料】古巴牛蛙 、贵州红酸汤、苗家红薯粉丝。

【做法】将牛蛙剁块；起锅沸水入牛蛙；加红酸汤煨制；加苗家红薯粉丝，烧制片刻，起锅装盆即可。

【特点】酸辣适口，鲜咸滑嫩。

◎石锅带皮羊肉

【用料】铜仁羊肉 、豆瓣酱。

【做法】将羊肉斩块入沸水；放入红油、豆瓣酱调味煨制成品。

【特点】鲜辣糯软，酥烂脱骨。

◎八宝葫芦野鸭

用料：贵州野鸭

竹笋，香菇、肉沫、青豆

环秀养生宴

研发单位

苏州环秀晓筑养生度假村

【冷菜】

脆皮米豆腐

干菜头花生米

麻辣羊肚菌虾胶

农家咸鸡

烧椒野鸭皮蛋

自制烟熏香肠

【汤品】

竹荪羊肚菌炖母鸡

【点心】

铜仁酸菜南瓜包

香煎丹桂糍粑

【热菜】

八宝葫芦野鸭

黑毛猪樱桃肉

红酸汤鳜鱼捞粉丝

腊味干竹笋

绿壳鸡蛋卷

秘制铜仁烤羊排

苏式油爆虾

苏作山珍福满堂

【主食】

野猪肉煲仔饭

好材好味 天然养生

苏州环秀晓筑养生度假村研发的“环秀养生宴”，围绕“贵州材·苏州味”主题，推出共18道养生菜品。其中的红酸汤鳜鱼捞粉丝、苏作山珍福满堂以体现苏州本味为主，八宝葫芦野鸭和黑毛猪樱桃肉则依托传统苏帮技艺。

特别引人注意的是，环秀晓筑是一家星级标准建造的养生度假村，得旺山山水形胜，背倚七子山，环抱画眉泉。度假村餐饮以“不时不食”为核心理念，菜品选料严谨，制作精细，因材施艺，每一道菜品均紧扣养生，烹调技艺以炖、焖、煨著称，重视调汤，保持原汁。整桌宴席无论是味道还是技艺，几乎百分百还原了苏州味道。

以点带面 黔材东行

“贵州材·苏州味”美食品鉴活动后，环秀晓筑餐饮总监肖飞（师承松鹤楼名厨顾根源，现为职业高级技师）认为：“‘环秀养生宴’虽然食材均来自铜仁，但环秀晓筑团队在研发菜品的过程中，以传承古法技艺为基础进行改良创新，形成了自成一派的创新味道。同时，苏帮菜注重本味，团队希望呈现的是没有加以修饰的最本真的食材，是最大限度地吸收两地特点的菜品。这次活动，非常符合实际情况，能够将贵州当地的食材聚合起来做全面推广，以点带面，让贵州的特色风味由此走向市场，走进百姓。”

◎铜仁酸菜南瓜包

【用料】贵州酸菜、老南瓜、贵州糯米粉。

【做法】酸菜洗净切碎；锅入猪油、葱、姜、蒜爆香，入酸菜碎、味精、盐调味炒成酸菜馅；老南瓜蒸熟打碎加糯米粉和成面团，包入酸菜馅，做成小南瓜形，蒸熟即可。

【特点】酸菜爽口，南瓜甜软。

苏作山珍福满堂

选材 环秀晓筑出品的这道苏作山珍福满堂，材料选用来自贵州的牛肉、腊肉、草鸡、野鸭、蘑菇、金茸、香菇、草菇，加上白菜、基围虾、火腿，荤素具陈，琳琅满目。

制作 将基围虾煮熟剥出虾仁待用；牛肉、草鸡、野鸭腌制蒸熟待用；蘑菇、香菇、草菇、白菜沸水煮熟待用；取大砂锅一只，底垫白菜，其他原料切好放入砂锅，入鸡汤、鸡油、盐、味精调味烧熟即可。出品是码放整齐的一排鸡、一排鸭、一排牛肉、一排腊肉，间隔山珍菌菇类，中间上方为摆成圆形的虾仁，颇有万绿丛中一点红的韵味，白菜垫底，整体气势磅礴。

暖人心脾

适宜人群

一般人群皆可食用，特别适合家人团聚时同食。

食补养生

苏作山珍福满堂内的各种山珍富含人体所需全部氨基酸和微量元素等营养物质，配合蔬菜纤维素起到排毒和增强免疫力的功效。

食用提示

建议食材减少熏肉、咸肉等盐腌加工类制品，这类食物过量食用会导致摄盐量超标。

环秀养生宴

研发推荐

红酸汤鳜鱼捞粉丝

选材 这道红酸汤鳜鱼捞粉丝，用的是苏州太湖野生鳜鱼，体量在一斤半左右，还选用贵州凯里的红酸汤与苗家红薯粉。

制作 制作时，先将鳜鱼入锅两面煎至金黄，入姜、葱、蒜爆香；然后入黄酒、红酸汤、清水，加盐、味精调味；最后放入红薯粉煨透即可。鱼肉肉质细嫩，肥美鲜洁，红薯粉软韧筋道，汤汁醇厚酸鲜。

补气益脾

● 适宜人群

一般人群皆可食用，尤其适合儿童、老人及脾胃消化功能不佳者。

● 食补养生

鳜鱼富含蛋白质、少量维生素、钙、钾、镁、硒等营养元素，可补五脏、益脾胃、疗虚损。

● 食用提示

体内寒湿盛者、咯血者、哮喘患者不宜食用鳜鱼。

◎香煎丹桂糍粑

【用料】贵州花甜粑、糖桂花。
【做法】花甜粑切厚片入平底锅煎至两面金黄；入糖桂花装盘即可。
【特点】糯而不腻，口感滑爽。

◎脆皮米豆腐

【用料】贵州米豆腐、秋葵。
【做法】米豆腐切块，入油锅炸至外酥里嫩；裹上调料（浓汤、生抽、盐、胡椒粉、麻油）；裹上脆秋葵末装盘即可。
【特点】味道丰富，开胃爽口。

◎干菜头花生米

【用料】铜仁珍珠花生、干菜头、蚝油、辣鲜露、酸梅酱、芝麻。
【做法】珍珠花生入油锅炸熟，干菜头泡发后汆水切碎；锅里入蚝油、辣鲜露、白糖、酸梅酱熬开；加入熟花生米和干菜头翻炒，再加芝麻，淋上麻油，装盘即可。
【特点】干菜鲜香，花生酥脆。

◎麻辣羊肚菌虾胶

【用料】羊肚菌、虾胶、麻辣汁。
【做法】把羊肚菌泡发，加入虾胶（基围虾切碎加点肥膘调味）入蒸笼蒸5分钟；蒸好的羊肚菌放凉改刀后用麻辣汁拌均匀摆盘即可。
【特点】麻辣鲜香，脆嫩滑爽。

环秀养生宴

研发菜品

◎自制烟熏香肠

【用料】贵州香肠。
【做法】香肠加入葱、姜、料酒，入蒸箱；蒸20分钟，冷凉改刀装盘。
【特点】腊味浓郁，特色美食。

◎农家咸鸡

【用料】贵州跑山鸡。
【做法】老母鸡加姜黄酒、花椒油先腌制12小时；洗净后入沸水锅，放入自制盐卤，小火焖烧100分钟左右；捞出放凉装盘即可。
【特点】鲜香入味，肉质紧实。

◎烧椒野鸭皮蛋

【用料】松桃皮蛋、杭尖椒。
【做法】野鸭皮蛋入蒸箱蒸5分钟，取出放凉改刀；杭尖椒放入炭火上烤至外面皮焦，把外皮去掉切刀；把野鸭皮蛋装盘放入尖椒，淋上调料（酱油、香醋、麻油等）即可。
【特点】入口脆嫩，香辣开胃。

◎苏式油爆虾

【用料】太湖虾。

【做法】取太湖虾，剪去小爪，虾须，入6成热油锅炸制1分钟；锅入花雕酒，葱末、姜末、盐、白糖、味精，少许水；入炸好的虾,收干汤汁，装盘即可。

【特点】外脆里嫩，鲜甜味美。

◎绿壳鸡蛋卷

【用料】绿壳鸡蛋、虾胶、蟹粉、生粉。

【做法】取鸡蛋做成蛋皮，包入调好的虾胶、蟹粉馅，卷成长条圆筒；把绿壳鸡蛋、生粉糊入油锅炸至色泽金黄，捞出改刀装盘即可。

【特点】脆嫩鲜香，口感爽滑。

◎腊味干竹笋

【用料】贵州干竹笋、腊肉、香肠、鸡汤。

【做法】干竹笋泡发好洗净改刀入鸡汤煨入味，取凹盆竹笋垫底；腊肉、香肠切好刀面，入鸡汤蒸10~15分钟即可。

【特点】口感十足，腊味浓郁。

◎秘制铜仁烤羊排

【用料】羊排、秋葵、手指胡萝卜、小番茄。

【做法】羊肋排切成10厘米长条，沸水洗净入卤水卤至酥烂取出；熟羊排取下上面的整条羊肉，切成刀面盖到羊骨头上；刷烤肉酱入烤箱烤几分钟；放秋葵、胡萝卜、小番茄点缀即可。

【特点】外脆里嫩，鲜美多汁。

◎黑毛猪樱桃肉

【用料】黑毛猪、红曲米。

【做法】黑毛猪五花改刀成20厘米大块，放盐腌制2~3小时；取大锅入清水、葱、姜、黄酒、腌好的肉，煮至肉断生；捞出肉块，上方打十字花刀，取锅入清水，加红曲米，煮至汤色呈樱桃红时；捞出红曲米，入葱、姜、花雕酒、大料、盐、冰糖、白糖、肉块，烧2~3小时即可。

【特点】光亮悦目，酥烂肥美。

◎野猪肉煲仔饭

【用料】野猪肉、大米、鸡蛋、菜心、叉烧酱、南乳汁、海鲜酱。

【做法】取野猪梅肉一块，改刀成块，腌制6小时（放叉烧酱、南乳汁、海鲜酱、葱、姜、蒜）；腌好放入烤箱烤50分钟左右取出；取砂锅一只放入洗净大米，入适量清水，熬成米饭；放入烤好的叉烧、鸡蛋、菜心即可。

【特点】酱香浓郁，粒粒分明。

◎竹荪羊肚菌炖母鸡

【用料】铜仁老母鸡、竹荪、羊肚菌、清鸡汤。

【做法】老母鸡切块，氽水清洗干净；竹荪、羊肚菌泡发，清洗干净，放入汤盅；入调好味的清鸡汤，蒸2~3小时，出菜前放入菜心。

【特点】营养丰富，汤清味浓。

环秀养生宴

研发菜品

◎芝士肉酱绿豆粉配牡丹虾

用料：牡丹虾、芝士肉酱、绿豆粉。

国贸沙洲宴

研发单位
张家港国贸大酒店

冷菜

冷切野猪香肠
荞麦凤尾鱼
烧椒双蛋
酸辣拌米豆腐
盐酸菜配芹菜

点心

香煎花甜粑

热菜

碧绿煎酿羊肚菌
古法稻香野猪肉
家烧扁尖黄牛肉
明炉铜川老鸭
石锅粉条三角峰
糟辣椒长江白丝
芝士肉酱绿豆粉配牡丹虾
至尊竹荪鸡包翅

独具特色沙洲宴

张家港位于长江下游南岸，浩瀚的长江文化与小桥流水人家的江南水乡文化在这里交汇重叠，丰富的长江水产、秀美的生态环境、淳朴的乡风民俗、厚重的文化底蕴、相融的远古现代，孕育出“中国江鲜美食之乡”“中国历史文化名镇”等优质资源，也造就了“国贸沙洲宴”独具特色的魅力。

宴席研发单位张家港国贸大酒店，地处张家港市中心，交通便利，地理位置优越，是张家港第一家五星级酒店。“国贸沙洲宴”以铜仁食材和沿江江鲜为基础，依据张家港地域饮食文化习俗，研发了14道具有江南特色的创新菜品。此次研发的糟辣椒长江白丝、古法稻香野猪肉、碧绿煎酿羊肚菌等一道道菜肴，经搭配组合，勾勒出港城地域特色，有童年记忆中的美食味道，也有扑面而来的铜仁大山气息。

清鲜精细苏州味

酒店总厨陈欣是宴席的主要创作者，在菜品的研发过程中，他讲究刀工、营养搭配、火候文烈，在创新的基础上不忘传统，融入自己的想法，大胆选用传统苏帮菜中不经常用到的食材或调味料，比如红酸汤、糟辣椒、羊肚菌、绿豆粉等。陈欣认为，创新研发也不能丢弃传统的东西，因为饮食是一种和当地风土人情不可分割的文化。

古法稻香野猪肉

选材 原料选用泰国香米、苏州青菜心、铜仁野猪肉。铜仁梵净山有良好的生态环境，野猪肉是梵净山纯种野猪与本地优质家猪的杂交品种，具备野味特性，无膻味，肉味醇香，为生态肉类。

制作 野猪肉切片用红焖的技法烧煮；香米淘洗干净后煮熟待用；青菜洗净切成末，起油锅炒熟；将青菜和香米一同拌均匀；香米盛在道具中，倒扣盘中做好造型，加入烧好的野猪肉即可。

强身健体

- **适宜人群**

一般人群皆可食用。

- **食补养生**

野猪肉营养丰富、脂肪含量低，常食用可预防高血压、血管硬化、冠心病、脑血栓等病。

- **食用提示**

野猪肉补虚，适合体质虚弱者。

石锅粉条三角峰

选材 “石锅粉条三角峰”选用太湖昂公鱼、铜仁红薯粉、青小米椒、青花椒。昂公鱼俗称“黄腊丁”，是苏州地区常见的食用鱼类之一。无鳞，体青黄色，少刺多脂，与铜仁红薯粉同制，肉质细嫩，味道鲜美。

制作 将昂公鱼处理清洗干净，汆水；起油锅，入菜籽油将青小米椒、青花椒炒至金黄色，然后加入高汤，一起熬5分钟即可；高汤内加入调料、红薯粉和昂公鱼，煮1分钟左右；最后取烤热的石锅，药芹垫底，再把高汤、红薯粉、昂公鱼一起倒入石锅里，将杭椒圈、鲜花椒放入即可食用。口味清香麻辣，味道非常鲜美。

益脾健胃

● 适宜人群

一般人群皆可食用。

● 食补养生

昂公鱼富含蛋白质，具有维持钾钠平衡、消除水肿、提高免疫力的作用。丰富的铜元素是有助于人体健康的微量营养素，能调低血压，缓解贫血症状。

● 食用提示

鱼属于发物，如身体有伤口，请尽量不要食用。

◎香煎花甜粑

【用料】思南花甜粑。

【做法】花甜粑切成薄片，起油锅稍煎至表皮干脆，摆盘即可。

【特点】香糯绵滑，外脆里嫩。

◎烧椒双蛋

【用料】野鸭咸蛋、野鸭皮蛋、青红尖椒。

【做法】先将咸鸭蛋与皮蛋切块装盘，青红尖椒切段后放入油锅中小炒，加高汤、酱油、醋、辣椒油等调成酱料，再把调制酱料晾凉后，拌入装好盘的蛋内即可。

【特点】香辣爽口，微酸开胃。

◎冷切野猪香肠

【用料】铜仁野猪腊肉、铜仁野猪香肠。

【做法】将香肠和腊肉温水漂洗后上笼蒸制15分钟，取出晾凉后切薄片，装盘即可。

【特点】色泽透亮，肥瘦相宜。

国贸沙洲宴

研发菜品

◎荞麦凤尾鱼

【用料】贵州荞麦片、籽鲚鱼。

【做法】籽鲚鱼处理清洗干净后放入卤水中腌制3小时；起油锅，待热至六七成，分别下入荞麦片与籽鲚鱼油炸至金黄酥脆，装盆即可。

【特点】酥脆可口，鱼味馥郁。

◎酸辣拌米豆腐

【用料】铜仁米豆腐。

【做法】将米豆腐切块下入沸水，捞出后装盘，放入用糟辣椒调制的调料即可。

【特点】润滑鲜嫩，酸辣可口。

◎盐酸菜配芹菜

【用料】西芹、盐酸菜。

【做法】西芹切片腌制后摆盘，盐酸菜放置在西芹上即可。

【特点】酸爽开胃，风味独特。

◎至尊竹荪鸡包翅

【用料】铜仁跑山鸡、梵净山竹荪、精仔排、鱼翅、瑶柱。

【做法】将鸡、仔排切洗后氽水待用；鱼翅涨发后清洗干净；起锅加水、鸡块、鱼翅、仔排、瑶柱，放入蒸箱蒸制5小时左右取出，放入竹荪，再蒸5分钟即可。

【特点】汤清味美，晶莹醇厚。

◎明炉铜川老鸭

【用料】松桃野鸭、稻草。

【做法】野鸭处理干净后氽水；起油锅加入葱、姜、蒜炒香；加入高汤、秘制料烧煮；收汁出锅，装盘即可。

【特点】色泽褐红，味道鲜香。

◎糟辣椒长江白丝

【用料】长江白丝、贵州糟辣椒。

【做法】白丝鱼洗净对半剖开，加入适量调料和糟辣椒；放入蒸箱蒸10分钟左右即可。

【特点】细嫩鲜美，香辣可口。

◎家烧扁尖黄牛肉

【用料】思南黄牛、扁尖。

【做法】黄牛肉切块后汆水洗净，扁尖泡发，加入秘制香料，一起炖煮1小时左右即可。

【特点】软嫩酥烂，咸香醇厚。

◎碧绿煎酿羊肚菌

【用料】羊肚菌、虾胶、芦笋。

【做法】羊肚菌泡发洗净后根部切除，把虾胶酿入羊肚菌内，煎香备用；起油锅，芦笋滑炒调味，装盘后把羊肚菌扣在盘中即可。

【特点】口感柔嫩，味道鲜美。

梅华新风宴

研发单位
苏州善正鑫木（新梅华）餐饮管理有限公司

◎酸辣味牡丹黄鱼

用料：大黄鱼、贵州酸辣汤、鸡蛋清。

冷菜

佛门素鹅
铜陵三色蛋
铜陵糟牛肉
咸鱼花生
香椿苗拌民得利笋丝

点心

桂花蜂蜜蕨粑
盐菜月牙饺

热菜

冬枣烧羊肉
干切野猪香肠
锅贴米豆腐羊肚菌
河豚野猪肉
南瓜蒸双腊
松桃酥鸭方
酸辣味牡丹黄鱼
走油黑毛猪肉

黔菜细作 注重营养

苏州新梅华的"梅华新风宴"共15道菜点，风味独特，包括冷菜5道、热菜8道、点心2道。整桌宴席所用贵州食材20余种，苏州食材10余种，荤素兼具，遵循高蛋白、多维生素、低脂肪、低盐、低热量的营养原则，在保证贵州食材风味特色的基础上，以苏州当地的清鲜本味为主，既突出食材原料的特点，又有利于人体健康。

自1992年创立"梅华酒店"以来，新梅华已开设了40多家以苏州菜为特色的餐厅，兼营川、粤、杭菜，在江南地区形成了深远的影响。"传承而不拘泥于传统，创造而不随从现代，只有跳出招牌菜的思维舒适区，精进创新，才能够持续地开发出贴合现代口味的美味佳肴。"新梅华总经理、苏州市烹饪协会会长金洪男先生如是说。

厨艺创新 烹饪研发

江南水乡物产的丰腴，造就了苏州几千年的饮食文化传统和地域特色，同时也为创新研发新的菜品提供了丰饶的孕育土壤。

厨谚说："临席如临阵，作厨如作医。"张伟（中国烹饪名师、职业高级技师）是"梅华新风宴"的主要创作者，也是新梅华出品总监。铜仁地区丰富的食材和配料，有效地保证了本次宴席的有序研发。他认为，"好厨师要先从原材料抓起。经粗加工，细加工，配料，调料，控火候，食物装盘，最后盘饰点缀，一道成品菜的形成，离不开每一道工序细节，更像是在做艺术品创作"。

梅华新风宴

研发推荐

冬枣烧羊肉

选材 铜仁沿河山羊是全国闻名的地方优良品种，皮肉兼优，膻味轻，营养价值高，尤以谷氨酸含量高，有“味精羊肉”之称。苏州人饮食忌膻，厨师选用羊肉时会加辅料冬枣同煮，以除羊肉膻味，同时能提升羊肉口感，辅料冬枣的甜味，使菜品甜咸度达到平衡。

制作 将羊肉斩块，汆水待用；锅内加调料（八角、桂皮、酱油、糖、料酒），下羊肉烧至熟透；冬枣开花刀过油后入羊肉锅中收汁即可；装盘时放入清爽宜人、堪称羊肉菜品绝配的迷迭香。

养生滋补

● 适宜人群

一般人群皆可食用，适合体虚者。

● 食补养生

羊肉能御风寒，又可补身体，对体虚怕冷、气血两亏等虚状均有补益效果；冬枣含有人体所需多种氨基酸、维生素、丰富的糖类及环磷酸腺苷等；可提高人体免疫力，护肝脏，护心血管，预防感冒。

● 食用提示

腹部胀气者、糖尿病患者不宜多食。

南瓜蒸双腊

选材 小青南瓜口感粉糯，甜度高，营养好，是兼具主食与蔬食的营养食材。腊肉、香肠煮熟切成片，其色泽鲜亮、黄里透红，吃起来味道醇香、肥而不腻、瘦不塞牙。

制作 将青南瓜改刀成花瓣形，过油待用；再将香肠、腊肉汆水后上笼蒸熟待用；将南瓜放在盛器中，顶面铺香肠、腊肉上笼蒸制，出笼配葱、姜丝响油即可。青南瓜搭配香肠、腊肉，无需其他调味，是一道本味食物。

健脾开胃

● 适宜人群

青南瓜高钙、高锌、高铁、低钠，适合都市人群消费需求。

● 食补养生

青南瓜含有丰富的维生素B6和维生素C，可以提高人体免疫力、补中益气。

● 食用提示

香肠、腊肉、南瓜同食，可以降低高盐、高脂、高胆固醇食物带来的隐患。

◎桂花蜂蜜蕨粑

【用料】贵州蕨粑、蜂蜜、桂花。

【做法】将贵州蕨粑切成块，上笼蒸透；蜂蜜加入桂花，调好后浇在蕨粑上即可食用。

【特点】温润香甜，Q弹可口。

◎佛门素鹅

【用料】贵州香菇、民得利干笋、豆腐皮。

【做法】将香菇、笋干分别浸泡切丝，豆腐皮撕成二张一叠；将香菇、笋丝卷入豆腐皮并卷紧，入油锅中定型；酱油、白糖、芝麻油加水调味烧开，浇在炸好的豆腐皮上；冷却后的成品改刀装盘即可食用。

【特点】外酥里嫩，味道鲜美。

◎盐菜月牙饺

【用料】贵州盐菜、铜仁跑山猪肉。

【做法】将盐菜挤干水分，猪肉切成粒状待用；肉粒加入调料拌匀上浆，加入盐菜拌成馅；面粉倒入盆中，加开水和成粉团待用；面团擀成面皮，包入馅，捏成月牙形；饺子放入蒸笼蒸8分钟即可食用。

【特点】甘香味美，皮薄筋道。

◎铜陵三色蛋

【用料】绿壳鸡蛋、野鸭皮蛋、咸鸭蛋。

【做法】将鸡蛋清加调料搅拌均匀，装容器中入笼蒸熟定型；再加入鸡蛋黄入笼蒸熟；定型后加入切成丁的咸鸭蛋、皮蛋，蒸熟；冷却后的成品改刀装盘即可食用。

【特点】赏心悦目，营养丰富。

◎铜陵糟牛肉

【用料】松桃苗岭牛肉、香糟卤。

【做法】将花椒、盐一起炒至花椒干脆香，花椒盐即可待用；花椒盐与牛肉拌匀腌制3小时；腌制好的牛肉汆水后，与香叶、八角、花椒、水同煮，烧开后用小火焖至熟透；牛肉待冷却后加香糟卤泡2小时；将牛肉改刀装盘即可食用。

【特点】糟香鲜美，结实筋道。

◎咸鱼花生

【用料】铜仁珍珠花生、醉鱼干。

【做法】将珍珠花生炸熟，醉鱼干切小粒炸熟待用；将调料（海鲜酱、生抽、糖）按一定比例调制成，入炸好的花生米、鱼干翻匀即可；将咸鱼花生浸泡在冷色拉油中装盘即可。

【特点】香味十足，酥脆可口。

梅华新风宴

研发菜品

◎香椿苗拌民得利笋丝

【用料】香椿苗、民得利笋丝。
【做法】将民得利干笋加水泡一晚，去老根，切成5厘米长、0.2厘米宽细丝待用；香椿苗加笋丝和调料拌匀；将成品装盘即可食用。
【特点】清爽鲜嫩，原汁原味。

◎干切野猪香肠

【用料】德江东旭野猪肉香肠。
【做法】首先将香肠加调料（姜、葱、料酒）蒸熟后冷却；然后将香肠改刀成片摆盘即可食用。
【特点】皮薄肉香，紧实脆爽。

◎河豚野猪肉

【用料】河豚鱼干、铜仁野猪肉。
【做法】将野猪肉切块汆水，河豚干浸泡10分钟；炒锅内加入葱、姜、八角、桂皮、水、料酒，下野猪肉块，烧开上色，改用小火焖煮至肉皮透明、入味，加入河豚鱼干焖至熟，装盘即可食用。
【特点】鲜嫩香醇，口感细腻。

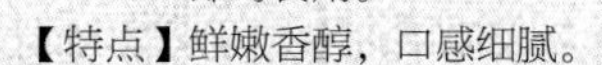

◎松桃酥鸭方

【用料】松桃野鸭、铜仁跑山猪、花甜粑、松仁。

【做法】将野鸭洗净，加调料入蒸笼蒸至7成熟；鸭去骨，撒上生粉，放上肉酱，填平，上笼蒸熟待用；面糊调味，挂在鸭脯上，下油锅中炸至皮脆，改刀撒上松仁；花甜粑切片后下锅煎成两面脆，与脆皮鸭装盘即可食用。

【特点】外脆里酥，咸鲜可口。

◎走油黑毛猪肉

【用料】铜仁黑毛猪肉。

【做法】将黑毛猪肉汆水，入锅加料酒、香料、葱、姜煮至7成熟待用；锅内加入色拉油，烧至6成热，下黑毛猪肉入锅炸至外壳发硬，锅离火慢炸至油走出待用；炸好的肉浸入冷水中，泡至表皮起皱，沥干水分；锅内加入葱姜水、生抽、冰糖等调料，放入起皱的方肉烧开后小火焖制，至酥即可食用。

【特点】色泽红润，酥烂鲜香。

◎锅贴米豆腐羊肚菌

【用料】 铜仁米豆腐、跑山猪肉、梵净山羊肚菌。

【做法】 将米豆腐切成麻将大小的块状，中间挖空，塞入肉酱，拍粉煎至熟待用；锅内加入葱、姜煎香，放入米豆腐烧煮起锅后待用；羊肚菌切成肉粒入高汤烧熟，起锅放在米豆腐上，浇上卤汁即可食用。

【特点】 香脆可口，米香浓郁。

得月苏帮宴

研发单位
苏州得月楼餐饮有限公司

◎竹荪炖武陵生态鸡

【用料】武陵生态鸡、竹荪、羊肚菌、绿壳鸡蛋、枸杞、红枣。

【冷菜】

田园风光无限好

【热菜】

德江腊味合蒸

美味梵净黑毛猪方

五香扒松桃野鸭

【汤品】

竹荪炖武陵生态鸡

【点心】

青山绿水铜仁情

继承传统 创新菜式

纵观中国饮馔历史，所形成的菜系或大或小的不下数十，但是含金量颇高并“讲究”（精巧深博饮馔文化孕育而成）的菜系，当首推定型于明清时期的“苏帮菜”。苏州得月楼创建于明代嘉靖年间，距今已有400多年历史。在吴地文化的熏陶下，在得天独厚的自然环境中，得月楼不断从衙门官厨、寺院僧厨、画舫船厨、富户家厨、民间私厨中汲取所长，博采广纳，兼收并蓄。

在本次“贵州材 · 苏州味”美食品鉴研发活动中，百年苏帮老店得月楼引入铜仁的绿色生态食材与特色调料，在继承传统、保持特色的基础上，通过“炸、溜、爆、炒、炖、焖、煨、焐”八大烹调手法，创新研发了6道菜品。菜肴的出品，讲究取料，注重火候，工艺精细，保持原汁原味。

精到讲究 老味依旧

酒店名师荟萃，技术力量雄厚，经过研发创新，酒店家喻户晓的名菜“苏式酱鸭”“苏式酱方”摇身一变分别成为“五香扒松桃野鸭”和“美味梵净黑毛猪方”。得月楼厨师长许翔（中国烹饪大师）是“得月苏帮宴”的主要创作者，同时也是一位国家级烹饪大师，他认为：“贵州的烹饪原材料，新鲜有特色，而且绿色、环保，我们通过苏州古法烹制，进行菜品创新。菜品的研发过程中，通过厨师研讨会共商新菜出品，数次改进，广泛听取意见，层层把关方才定型。这次研发活动，每道菜品的试菜次数达到3~4次，最终做出来的菜品切合‘贵州材 · 苏州味’活动主题，让贵州食材更好地适应苏州市场。”

◎德江腊味合蒸

【用料】德江腊肉、德江香肠、苏州百叶丝。

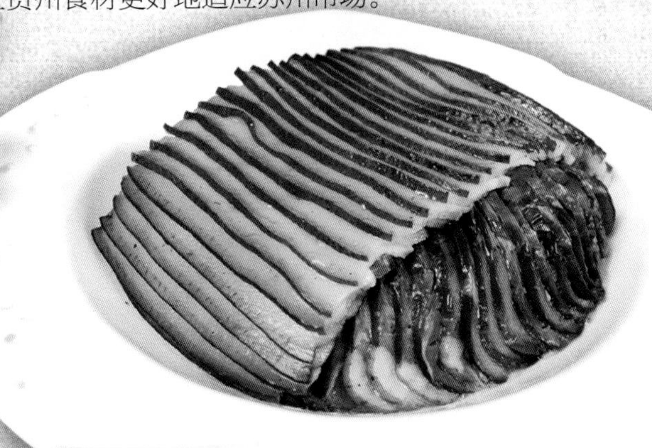

五香扒松桃野鸭

选材 五香扒松桃野鸭，选用贵州优质松桃野鸭。贵州松桃，梵净山麓的天然氧吧，苗民世居于此，人文历史厚重。这里森林茂密，空气清新，水质纯净；这里的鸭子，以青草、野虾为食，辅以杂粮，生活在无工业污染的环境之中，故而肉质细嫩、口感鲜美，野香味浓，是真正的纯天然绿色食品。

制作 贵州野鸭粗加工后，去掉大骨；五香香干、玫瑰大头菜、肉丝、葱白均切丝待用；热锅热油，下葱白煸炒，下肉丝炒至断生；倒入玫瑰大头菜、香干，加料酒、酱油、糖及鸭原汤，烧沸后转小火焖10分钟左右取出。

取一只大碗，鸭皮朝下放入，上面放炒熟的馅心，盖盆后上笼蒸30分钟左右取出，将碗中汤汁倒入锅中，再加入羊汤烧沸，加入水淀粉勾芡，淋麻油后浇在鸭上即可。用苏州传统扒鸭烹调技法烧制的贵州松桃野鸭，色泽酱红，五香扑鼻，鸭肉肥醇，汤汁浓郁，令人回味无穷。

消食和胃

适宜人群 一般人群均可食用。特别适用于上火、食欲不振者。

食补养生 野鸭有丰富的蛋白质、碳水化合物、无机盐和多种维生素；肉质鲜嫩、美味可口、脂肪较少，是传统滋补食品和野味佳肴。

食用提示 肌体寒凉、患慢性肠炎、感冒等人群不宜食用。

得月苏帮宴

研发推荐

美味梵净黑毛猪方

选材 黑毛猪是铜仁的地方猪种，具有绿色、原生态、纯天然、无污染等特点，在独特的自然生态条件和地理环境中一直保存着良好和纯正的基因。黑毛土猪至今还未形成规模化饲养，当地人每家每户也就只养有3~5头黑毛猪。黑毛猪一般采用野外放养方式，其肉色泽纯美、细嫩鲜美，富含丰富的锌、硒、谷氨酸等微量元素和维生素，且胆固醇含量极低。

制作 制作黑毛猪方，方法与苏州酱方相同。取一块一斤半左右的猪五花肉，用小刀刮去猪皮上的污垢，漂净，腌制（用细盐揉搓，在其上略压重物一两日即可）；将肉放在水中浸泡除去咸味后汆水；加老卤烧煮，加香料、调味品焖烧几个小时，直至肉外表成酱红色，酥烂入味，最后上笼蒸制以定型并使肉质状态达到入口即化的程度，装盘后淋上酱汁即可。

补体益血

● 适宜人群

一般人群皆可食用，特别适合生长发育期的青少年人群。

● 食补养生

黑毛猪肉富含不饱和脂肪酸、胶原蛋白、铁质、蛋白质和维生素；常食能提高人体免疫能力，延缓机体衰老，有极高的营养价值及保健作用。

● 食用提示

俗话说：满则溢。猪肉中蛋氨酸在某种酶的催化下可变为同型半胱氨酸，而摄入过多会导致动脉粥样硬化。因此，吃瘦肉要适量，并非多多益善。

◎五香黄牛肉

撰文/灰芒

三珍老卤味

研发单位

苏州杜三珍餐饮管理有限公司

2018年12月14日，在苏州广电展销中心（木渎）的美食展上，苏州杜三珍卤菜展位前，市民们排起了队。他们依次品尝着由杜三珍制作的卤菜。

杜三珍这次的展示非比寻常，所展示并免费让市民品尝的五款卤菜，是以来自贵州铜仁的“山珍”为食材，用苏式卤菜制作方式烹调而成。其味、其质如何，市民们当然愿意品尝一番、比较一番。

苏式卤菜，因地域与加工方式的独特，而成为卤菜大家庭中不可或缺的一员，并以其风味之美好而深受苏州市民的喜爱。

因为繁华，所以兴盛

姑苏自古繁华。清乾隆二十四年（1759）时的一幅《盛世滋生图》，以1225厘米的长卷（宽35.8厘米），通过“一山、一镇、一城、一街”，描绘了18世纪的苏州。此图又称《姑苏繁华图》，图中各色人物成千上万；河中船只如官船、货船、客船、杂货船、画舫、竹筏近400条；街道上商店林立，有市招可识的各类商铺约260余家；各式桥梁50余座；文化戏曲场景10余处。“盛世”是歌功颂德的政治话语，“繁华”是经济社会发展状况和文明程度的表述，“滋生”是接着地气的社会生活依托。

此图生动描绘了清时人们的饮食景象，五簋大菜，荤素小吃，茶食点心，各色果品，那些招揽生意的市招店牌，丰富而多样。

乾隆《吴县志》说，吴中食物有因时而名者，有因地而名者，有因人而名者。因人而名者如野鸭，以蒋姓著，谓之蒋野鸭；熏蹄以陈姓著，谓之陈蹄。乾隆时熏腊之业，又以陆稿

◎苏式铜仁羊羔

◎苏式酱肉（松桃黑毛猪）

荐出名，其用积年老汁熏烧，盛行京师。除了上述酒楼茶肆的吃食，在乾隆时以地名出名的吃食，有安雅堂酏酪、有益斋藕粉、紫阳馆茶干、茂芳轩面饼、方大房羊脯、温将军庙前乳腐、野味场野鸟、鼓楼坊馄饨、南马路桥馒头、周哑子巷饼饺、小郏弄内钉头糕、善耕桥铁豆、百狮子桥瓜子、马医科烧饼、接驾桥汤团、干将坊消息子、虎丘蓑衣饼，以混名著名者，有野荸荠饼饺、小枣子橄榄、曹箍桶芋艿、家堂里花生、小青龙蜜饯、周马鞍首乌粉等，都是有名的土特产副食品。（转摘自范金民《清代苏州城市工商繁荣的写照——《姑苏繁华图》）

"野鸭""熏蹄""陆稿荐""积年老汁熏烧""野味场野鸟"，读着这样的记载，苏州的卤味透纸而出。

因为兴盛，所以丰富

苏州卤菜因为经济的兴盛而日益丰富。《醇华馆饮食脞志》中记载了民国时期苏州的一些饮食情况。

据书中"饕餮家言"，"苏州从前有'陆蹄、赵鸭、方羊肉'之称"，并解释说：陆蹄，谓陆稿荐之酱蹄；赵鸭，谓赵元章之野鸭；方羊肉，谓方姓方阿宝之羊肉。这些记载，介绍了苏州当时的著名卤菜店与特色品种。在《醇华馆饮食脞志》的《苏州小食志》部分，"熟肉"条下，称"熟肉店，以陆稿荐、三珍斋两家最为驰名"，产品记有酱鸭、莲蹄、蹄筋、酱肉、汁肉等。除熟肉店外，"更有野味店，就观前街言，稻元章最为著名"，"迩年，忽有常熟店来苏，马咏斋倡于先，龙凤斋继于后"。这是苏州卤菜店的发展情况。除了卤菜店制作卤菜，苏州的一些茶食店也会制作卤菜，如苏州野荸荠（店名）的"熏鱼"，就非常著名。

关于苏州的"五香排骨"，在"杂食"条下记有，"初盛于元妙观内各小食摊"，后"乃有小贩自出心裁，改良精制，兜售于茶酒肆，其味特佳，如异味轩者是"。"兜售"，是流动销售的形式；在茶楼、酒肆等地方出售，可见其味具有独到之处。如今，这个诞生于民间的卤味食品，已成为苏州的特色卤菜品种。还有"糟鹅蛋""虾子鲞""鱼卤瓜""素火腿"等，真的要感谢费工记录的饕餮客们，苏州舌尖上的味道，悠远而丰富。

苏州的饮食文化中，有一条"好食时新"，也就是饮食跟着时间的节拍展开。一年四季，所食、所好，都由"时"作为主旋律，"不时不食"是衡量苏州人会不会吃的一项标准。好多美味，过了时就要等一年，馋，也只能等待。好在苏州美食是一个圆，一年之中，美食轮转，总会应时来到。酱汁肉，从春天开始；盐水鸭，入夏上市；五香的、熏的、糟的，也能轮番到来；那方羊糕，必在秋后冬日。"冬至大如年"，周遵道在《豹隐纪谈》中讲："吴门风俗，多重冬至，谓曰，'肥冬瘦年'。"这是苏州延续着周代的新年记忆，常怀着对泰伯、仲雍的尊崇。"肥冬"、卤菜，便成为苏州冬至节的景色与风味。

因为丰富，所以发展

"丰富"能否成为"发展"的动因？应该是可以的。俗话说"店多成市"，这是民间形容因生产方式丰富而推动经营发展的情形。丰富多样，满足了购物活动中的"选择""比较"心理；多姿多彩，满足了人们生活中的"猎奇""闲兴"心理。于是，"丰富"催生了消费需求，催生了消费市场。"丰富"同时带来了竞争，这就需要市场提供"差异""特色"，也就推动了业者经营产品、经营方式等的变化与创新。因为市场需要有不断丰富的产品，所以，发展就成为必然。

杜三珍，中华老字号企业，创立至今已有130多年历史，是苏州著名的卤菜店。百年来的历史，浸润着苏州饮食文化和卤菜制作技艺。如今，企业有自己的生产中心和一百多家连锁门店，年销售额超亿元。

老字号，是企业的文化资本，产业发展，要在传承与创新中，依靠技术、生产、市场、营销和文化，才能走在现代经济的发展路上。文化的苏州也是技术的苏州。杜三珍卤菜的背后，是有着技术支撑的现代管理和文化建设。

保持老工艺的精髓，借助现代的设施设备，杜三珍卤菜坚守着传统的"苏州味道"。面对现代食品卫生要求，杜三珍推进了企业的现代化建设。建立"十万级无尘车间"，解决了食品制成后分装流程中的二次污染问题。自行研发、设计过滤式熏制机，通过水过滤的方式，清除熏烟中的"苯并芘"（一种常见的高活性间接致癌物和突变原），又能保持熏香的独特风味。"锁鲜"技术（在锁鲜盒里充入二氧化碳和氮气，再通过物流的全程冷链运输），又让苏州的舌尖，多了一份保障。这份保障，是"传统"基础上的创新，超越前店后坊的传统生产方式，使"苏式卤菜"走向更大的市场。

食材是食品、饮食的基础。当市场做大后，企业如何发展成为最大的课题。杜三珍走在发展的路上，必定会抓好食材这个基础。当贵州铜仁山珍来到苏州后，杜三珍走进贵州考察货源基地，并订购了1000只野鸭（生态），试水苏州市场。作为苏州人，有幸能遇到杜三珍这样的企业，然而，作为苏州人，也有一份责任，就是保护苏州的味蕾，学会鉴赏、懂得品味，让苏帮菜继续保持精雅的风味。

◎胡葱德江土鸭

一品花溪粉

研发单位 苏州鑫花溪餐饮管理有限公司

撰文/灰芒

鑫花溪是苏州的一个小吃品牌，自2004年在苏州凤凰街开出第一家牛肉米粉店之后，如今已有40多家连锁店，发展可谓是欣欣向荣、蒸蒸日上。获得了“苏州招牌小吃名片”“苏州市绿色餐饮企业”“苏州百姓信得过企业”“苏州市食品安全优秀餐饮企业”“苏州市餐饮行业消费者十大满意品牌”等荣誉。2016年获“苏州市知名商标”。鑫花溪中央厨房在2017年被苏州市食药监局评为“A级示范”单位，2018年被评为江苏省“A级示范”单位。

这一连串荣誉的背后，谁也没想到，鑫花溪的创始人，是一位来自贵州的姑娘，20多年前，她带着贵州的风味来到苏州创业。她的名字，叫钟贵玲。

说是贵州的风味，一点也不错。鑫花溪的主打产品是牛肉粉，那是贵州的特色饮食。

从形式上看，这个牛肉米粉与苏式汤面真的有点相像。苏式汤面是苏州饮食文化中重要的组成部分，吃一碗“头汤面”，是许多老苏州每天的期待。苏州的汤面丰富多样，以面浇头划分汤面品种，其中有爆鱼、大排、虾仁、鳝糊面等，以及季节性的枫镇大面、三虾面等，常见品种就有一两百种。不管何种浇头的面，那勺熬制的面汤，是汤面最基本的味的来源。一碗面好不好，品一口汤就可知道个大概，所以，汤是苏式汤面重要的品鉴标志。牛肉米粉，由牛肉汤、牛肉（浇头）、米粉（面）结合，就像是一碗牛肉面。因而，鑫花溪牛肉粉融入苏州面业小吃界，好像无缝对接，真的有点“润物细无声”的样子。

那碗牛肉汤，倾入了创始人20年不变的初心。鑫花溪一直把“道德采购，良心品质”作为核心价值观。一直坚守真材实料，古法熬汤，用匠心精神坚持走自己的路。20年来，鑫花溪似潺潺溪水，持续着不停息的创新发展，又咬定青山，坚持传统的风味与物色。山水之间，鑫花溪激起了传承与创新的新浪花。

人们的印象里，小吃总是与摊点、夫妻店、小规模联系在一起。即便现在新的业态纷呈，迎合着新的消费需求，鑫花溪的环境、空间、氛围都有了极大的提升，却仍然保持着清新雅致的情调。没有谁把小吃店、小吃与高科技联系在一起，然而鑫花溪，却在牛肉粉里，融入了高科技。

熬汤要用水，如何保证水质的稳定、均质？用过滤的办法？但过滤一段时间后，过滤的材质会出现变化，水质也会有波动。鑫花溪引入了纳米技术，用均质的水质保障生产用水。

连锁店多、用量大，中央厨房要大量熬制牛肉汤。从批次增加，到容器加大，再到容器数量增加，发展总是伴随着产能的提增。然而，容器增大了，熬制时间也相对延长，为了保证牛肉汤在长时间熬制后，风味依然鲜香。鑫花溪深入研究，设计蒸锅，保证用1个小时的时间，能使4000斤牛肉汤烧沸，然后，再用8个小时，慢慢煨制。烧沸需要大火，4000斤不是一个小数量，而1小时确实不太长。钟贵玲说：“烹饪也要考虑节约能源，绿色低碳。”

食品卫生在饮食业是第一要求。要使牛肉汤在自然室温下冷却需要很长的时间，而随着温度的下降，在60摄氏度至4摄氏度之间，细菌也会不断地繁殖。也就是随着降温时间的延长，细菌侵入食品的概率也在增加。鑫花溪引入超导等技术，再配合多种冷却设施，缩短冷却时间，达到安全的储存、配送温度。

谁说传统的风味，不能运用现代的科技手段。鑫花溪的牛肉汤、牛肉粉，实实在在地有着科学技术的支撑。静电技术、锁味工艺，鑫花溪的中央厨房里，随处可见现代科学技术的名词，紧贴在那些不锈钢的烹饪器具上。如果没有20年前的那一份初心，那份对家乡贵州美好风味的倾心，苏州的这碗鑫花溪牛肉汤，就不会如此精心。20年做一碗汤，需要一份耐心和专心。

牛肉，当然也是来自贵州。贵州的大山里，有的是好黄牛。肉质、风味还有那碗牛肉汤，让很多苏州人成了鑫花溪的“粉丝”。

振兴菜香包

撰文/灰芒

研发单位
苏州陆振兴食府

用食材腌制而成的食品，常被称为腌菜，如腌制的肉、腌制的鱼虾、腌制的蔬菜等。腌制是一种保存食品的方法，同时，也让食物增加了许多风味。苏州的日常生活中，腌制的菜肴是菜篮子里的常客。就拿“雪菜”（腌制的雪里蕻）来说，过年时的年菜中，必有一道“雪菜冬笋”；酒席的冷菜中，也常会有一道酸甜味的“周庄咸菜”；面馆里，还有大众化的“雪菜肉丝面”；在家里，炒个青椒、炒个毛豆，放些雪菜也能提吊鲜味。

◎肥姑腌菜肉丝面

◎肥姑腌菜笋馒头

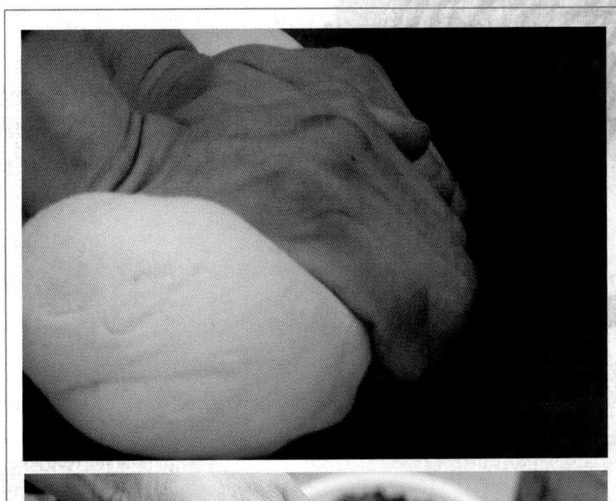

腌菜的工艺有发酵、非发酵两种。发酵，主要通过乳酸菌的作用产生。要保证乳酸菌的活性，发酵型腌菜腌制时，用盐量要比非发酵型腌菜少，盐度也低。腌菜鲜香、酸爽的风味，正是发酵后形成的。

肥姑腌菜，来自贵州晴隆。2018年10月，在苏州市面业小吃协会一届二次扩大会议上，肥姑腌菜通过现场展示，让与会的苏州餐饮业人员，首次了解了“肥姑”的好。多次发酵后形成的“香”，弥漫在展示现场。低盐度、柔和的酸味，给人一种新的感受。这样的新鲜感，让有着美食情结的苏州餐饮人士，多少会做出些“梦”来。

尝试。用肥姑腌菜做馒头馅，由汪成、曹祥贵两位中国烹饪大师操持，在苏州陆振兴食府的大力支持下，试制开始了。用肥姑的食材，融合苏州的风味。如果纯用腌菜，在蒸制后馅料质地爽度不够。于是，加入江南的山笋，将山笋切成细丝，并在油中煸炒20分钟，让笋中的水分蒸发一部分，并把笋中的鲜香物质呈现出来。此时，笋的质地是脆嫩的。然后，放入肥姑腌菜一起拌匀。肥姑腌菜经降盐工艺后，盐度较低，不须再漂洗，可以开袋直接食用。至于腌菜与笋丝的配比，则通过一次次试制，品尝口感来确定。为的是让现代的“吃货”们，多点几个赞。

2018年12月14日至12月16日，苏州铜仁美食展示现场，由苏州陆振兴食府制作的“腌菜馒头”开展现场品尝活动。每天上午、下午各一场，每场1小时，向市民免费发放“腌菜馒头”。展位前排起了队，每人只能品尝1个。第一天，供应发放馒头500个，不到1小时，市民就体验完了一笼笼热腾腾的腌菜馒头；第二天，是周六，做1000个；第三天，是周日，做1500个。一种新的风味，有了肯定的评价，“腌菜馒头”无形地通过了市场的初试。只是，大师们和众多企业，还在探讨着规模化制作后，馒头馅料的比例、风味的呈现。

同得兴奥面
撰文/吴王文化
研发单位
苏州同得兴餐饮有限公司

品舌尖面食

以供应两种鲜明口味“红汤”“白汤”苏式汤面而著称的苏州同得兴奥面馆，创建于1997年，在苏、锡、常、沪、宁一带享有颇高声誉及知名度，知名人士、学者、海外名流都慕名来品鉴并与之交流。

枫镇大面是同得兴招牌之一，曾亮相央视美食纪录片《舌尖上的中国第二季》，苏州的面食也因此而愈加“锦上添花”，游人来苏，尝尝苏州的“舌尖面”也成了体验的选项。在“苏州十碗面”大赛中，枫镇大面一路领先。

四季三味汤

苏式浇头面的吃法，会根据季节不同而适时推出时令面品与面浇，满足不同层次、不同口味的需求。夏季天热适合白汤面，枫镇大面在白汤中加入发酵的酒糟，米糟粒浮于汤面，爽口添色；秋季天凉时来碗红汤面，适合养胃；冬季天冷来碗奥味红汤面，高汤调制，汤料营养滋补。苏州百姓曾有诗赞：“东西南北四面客，春夏秋冬三味汤。”这就是美味苏式汤面的真实写照。

同得兴掌门人肖伟民大师认为，一碗好面分面、浇头、汤三部分。面要看色泽、状态、适口性、韧性、黏性、光滑性、食味等，面色乳白光亮，出品时碗中面态呈“鲫鱼背”状；浇头要有色泽、味感、观感、新鲜感；汤要看颜色、味道、温度。

跑山黄牛肌腱精

选用铜仁思南跑山小黄牛，是由于其生养在大山石岩裸露山地间，吃山草，喝山水，体质强健，善爬山，适山坡耕作，有较好肌力。食之肉质细嫩口感好，营养成分高，食用出品率高，是优质膳食肉材资源，适宜做苏式面浇原料。

苏味黄焖口感新

苏州有三大黄焖名菜，即黄焖河鳗、黄焖栗子鸡、黄焖着甲。顾禄所著《桐桥倚棹录》和袁枚所著《随园食单》中都能找到这些名菜的踪影。黄焖菜亦是苏州秋冬季应时名菜，旧时在吴地名菜馆中均有应市。

苏式汤面浇头是佐食之物，苏州人对此很讲究。此次浇头菜品的研发，从选料到工艺，肖大师十分用心，黄焖小黄牛肉做浇头，食材与工艺都是亮点。小黄牛肉采用苏帮技艺——黄焖手法，焖制技法精细，酱糖色的调味汁调制精湛，焖调后牛肉色泽酱黄透亮，口味突出，香醇鲜洁，让人食指大动。

顶 尖 技 艺 · 大 师 推 荐

FANJING MOUNTAIN
MEETS
TAIHU LAKE

苏州小食 江南美味

苏帮菜烹饪大师说

汪成

贵州食材推介大使
苏州味菜品研发员

资深级中国烹饪大师
国家中式烹调高级技师
非遗苏帮菜制作技艺代表性传承人
苏帮菜宗师
苏州市烹饪协会顾问
江苏省餐饮行业协会顾问
苏州石湖金陵花园酒店顾问
苏州善正鑫木（新梅华）餐饮管理有限公司顾问

擅长苏州糕团、苏式船点等苏帮小吃糕点制作

苏州小食历史悠久，早在唐宋时期便开始流行，讲究精工细作，讲究食俗文化内涵。汪成大师运用贵州食材研发的苏式小食“小黄牛肉锅贴”“盐菜酱肉包”“养生花生露”，以考究的苏式口味呈现，展现了苏帮船点的雅致。

【小黄牛肉锅贴】

苏州的锅贴，是一种有馅的半月形面食，状如饺子。清人顾禄《桐桥倚棹录》讲到苏州市井小食有“水饺”和“油饺”。

要烹制出好的锅贴，馅料还需讲究。选用贵州思南产黄牛小腿肉，先把夹杂于肉纤维中的筋膜剔干净，然后用调味料加水搅拌40多分钟，便于入味且肉不柴，再拌入生姜、洋葱等；经充分搅拌再用手工擀好的锅贴皮（一半烫面，先加热水再加冷水，这样做出来的皮表面软糯底下又薄脆）加馅料包好，将锅贴摆入已抹油并烧热的平底锅码放整齐，煎半分钟后加水淀粉，再盖锅盖煎至水干，锅贴即熟。锅贴外观金黄色，形如月牙，底面香脆，口咬带卤汁，满口香。

营养小贴士

黄牛肉富含蛋白质，其中氨基酸的组成结构比猪肉的更接近人体需要，能提高机体抗病能力，具有安中益气、健脾养胃、强筋壮骨的功效。

【养生花生露】

在苏州，以花生为原料制作的食点有花生酥。酥点好吃却不宜多吃，因其糖高、油高、热量高，吃太多对血糖、血脂以及体重的控制都不利，还很可能增加心血管疾病发生的风险。为了兼顾美味和营养，汪大师根据花生本身的特点研发制成一款养生花生露，操作简单，老少皆宜。

花生露选用贵州高原铜仁所产珍珠花生、苏州糯米、河北小红枣、太湖蜂蜜、冰糖。将糯米泡2小时，红枣去核去皮、花生去皮后一起用粉碎机打碎；锅中加水烧开，将用料慢慢加入即可。享用时爽滑醇香，细微的花生颗粒流动于齿缝间，口感颇为奇妙。

营养小贴士

花生高蛋白、高纤维，含有大量人体必须的微量元素，经常食用花生露可以降血压、降血糖、补血活血、提高免疫力。

苏帮菜烹饪大师说

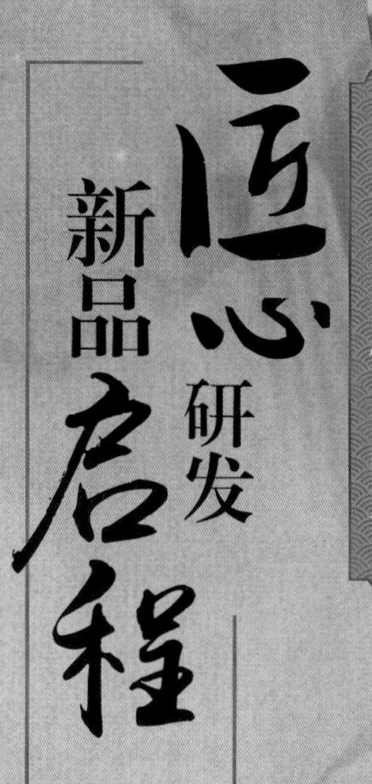

曹祥贵

贵州食材推介大使

苏州味菜品研发员

资深级中国烹饪大师

江苏省烹饪大师

苏帮菜非遗优秀传承大师

江苏省美食工匠

苏州桃园国际度假酒店技术顾问

苏州石湖金陵花园酒店技术顾问

擅长苏帮菜系、各大菜系融合制作

汪曾祺有一句话："一个人的口味要宽一点、杂一点。南甜北咸东辣西酸，都去尝尝。"曹祥贵大师作为苏帮菜非遗优秀传承大师、资深级中国烹饪大师，不拘泥于传统，一直在努力探索食客们的口味，一直走在传承、创新、发扬苏帮菜的路上。

葱烤鳜鱼藏宝

生活在江南水乡苏州的人，靠江靠湖，因嗜吃鱼而创造出了多种多样的做鱼方法，清蒸、红烧、葱烤、水煮、做汤，不一而足，而对于羊肉、羊汤这么粗犷的美食，苏州人的喜爱也丝毫不逊色于北方人。

葱烤鲫鱼是苏州地区一道传统名菜，重点突出鲫鱼的鲜美，"鱼""羊"结合为"鲜"，有鉴于此，曹大师创新研发出一道葱烤版本的鱼羊鲜，名曰"葱烤鳜鱼藏宝"。取1.6~1.8斤重的太湖鳜鱼和贵州铜仁跑山羊。将羊肉斩成肉酱，加葱、姜、料酒调味，搅拌上劲后塞入洗净的鳜鱼肚中，随后葱烤红烧。当鱼羊在锅中相遇，鱼吸收羊的浓香，羊吸收鱼的鲜美，不膻不腥。一整条鱼，全身裹满了红亮的酱汁，配上青白脆生的葱段，不可谓不经典。

营养小贴士

鳜鱼含有蛋白质、维生素B1和维生素B2以及钙、钾、镁、硒等，与羊肉同煮，具有补气血、益脾胃的滋补功效。

西兰花酿竹荪

苏州人讲究"食不厌精，脍不厌细"，苏州人做菜，要求高、时间长、准备充分。"火芽银丝"就是旧时苏州一道非常著名的以精细著称的菜肴，又叫豆芽塞肉、酿豆芽。

竹荪嫩滑，带点脆，自带清香，表面是网状结构，容易入味，可用来煲汤、炒菜或者烩烧等。曹大师利用竹荪本身的特点，在"火芽银丝"的基础上研发创作"西兰花酿竹荪"。制作时用淡盐水泡发竹荪后切成等分段；河虾仁剁成茸，加调料搅拌，加入蛋清搅至上劲为止；将搅好的虾茸放入竹荪内，上锅蒸熟待用；把西兰花投入加有油、盐的沸水锅氽水，捞出沥水后，摆在圆盘中间，随后把蒸好的竹荪摆在周围；锅里放入浓汤烧热，加盐调味并用湿淀粉勾薄芡，最后淋入化鸡油，出锅舀在竹荪和西兰花上面，即成。成品色泽光亮，竹荪软硬适中，虾茸口感绵软有弹性。制作时切记不可酿入太多馅料，以免破坏造型。

营养小贴士

竹荪含有丰富的氨基酸、维生素、无机盐等，具有滋补强壮、益气补脑、宁神健体的功效；河虾中富含蛋白质以及钙、磷、铁等，常食可增强人体免疫力，预防动脉硬化。

苏帮菜烹饪大师说

一碗好汤 荷香武陵坛子鸡

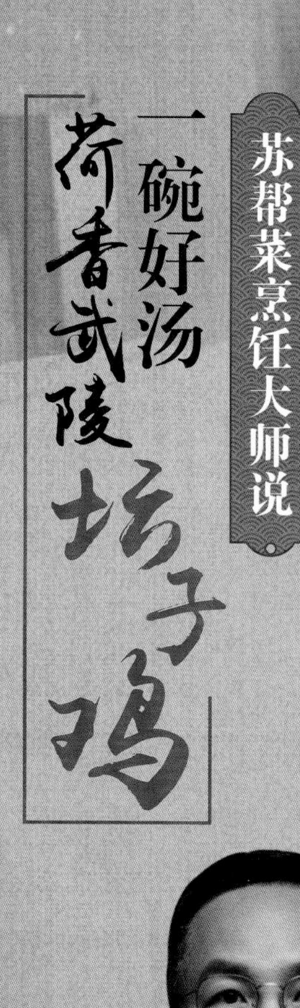

金洪男

贵州食材推介大使
苏州味菜品研发员

中国烹饪大师
江苏省烹饪协会副会长
苏州市烹饪协会会长
苏州善正鑫木（新梅华）餐饮管理有限公司总经理

擅长苏帮菜创新，各大菜系及中西菜点融合制作

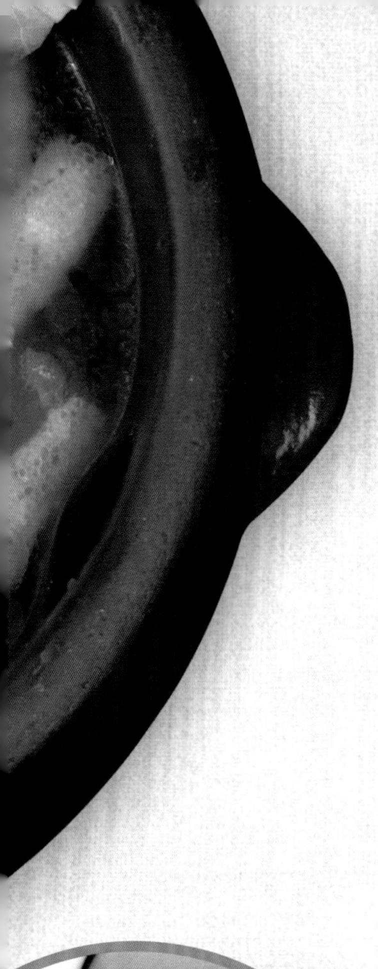

苏州美食有“三鸡”——叫花鸡、西瓜童鸡、早红橘酪鸡。苏州人爱喝鸡汤，嗜好鸡汤中的香味，只备葱姜辅佐。

金洪男大师的研发作品“荷香武陵坛子鸡”，采用蒸柜隔水蒸，以蒸气来炖汤，成品金黄玉润，汤色清澈。入口细品，皮脆肉嫩骨酥，满口溢香。

荷香武陵坛子鸡

选料

食材新鲜、品质好是煲出好汤的首要条件。贵州山野中散养的跑山鸡为煲汤首选。武陵跑山鸡，肉质细腻有弹性，搭配梵净山竹荪和绿壳鸡蛋炖制为汤，鸡肉散发出醇厚香味，外加竹荪清香，呈现出山野天然气韵，属上品。

炊具

烹制“荷香武陵坛子鸡”的器具是专门定制的、两侧带凹槽的“瓦坛”。蒸制汤时，柜内水蒸气依凹槽流入坛内，同时形成水密封状态，具备较好的通气性。此器此法具有传热均匀、散热缓慢等特点，坛内温度平衡，方便水分子与食物相互渗透，在一定时间内会使得鲜香成分溢出，致使汤的滋味鲜醇，食物质地酥烂。

比例

煲汤，水是鲜香食物的溶剂，也是传热的介质。水温变化与用量多少，对汤的风味有直接影响。将原料与水按1：2比例使用，汤的色泽、香气、味道最佳。这种比例下原料食物完全被水浸没，食物营养物质在汤中完全释放，汤汁浓度合适。切不可直接用沸水，不可中途加冷水，煲汤的食物宜与冷水同时受热，使营养物质缓慢地溢出，最终汤色清澈。

制作

将武陵跑山鸡洗净，汆水；辅材火腿烧熟待用；用稻草将鸡扎成型放入坛内；加纯净水、调料、火腿，上蒸柜，蒸气慢炖4小时；将鸡蛋煮熟去壳待用；竹荪浸泡切段，荷叶剪成圆形待用；将鸡蛋、竹荪放入坛中，上笼蒸10分钟，再将荷叶盖在坛子鸡上，蒸2分钟左右即可。

特别提醒：蒸煮时不宜先放盐（盐渗透力强，会使食物水分迅速排出，使蛋白质凝固，鲜味不足）。

营养小贴士

1.鸡汤具有提高人体免疫力的作用。

2.竹荪被誉为“菌中皇后”，不但营养丰富，还能改善头晕、失眠、腹型肥胖等症状，长期食用还有抗肿瘤的功效。

3.绿壳鸡蛋为生态食材，有人体必需的8种氨基酸，含多种维生素，钙、磷、铁等。

一块羊排话滋味

苏帮菜烹饪大师说

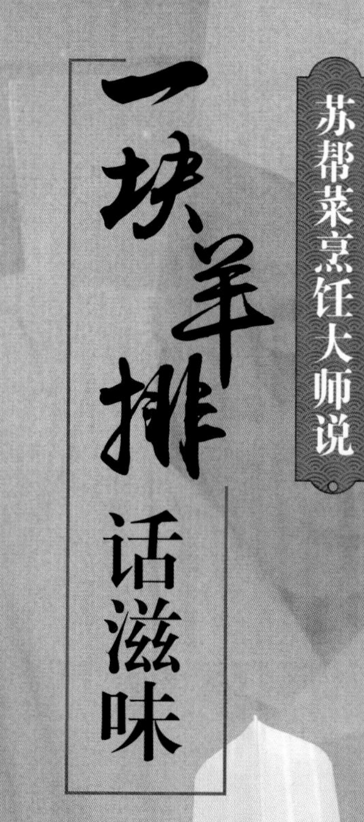

许翔

贵州食材推介大使

苏州味菜品研发员

中国烹饪大师

国家中式烹调高级技师

苏帮菜优秀工匠

苏州得月楼餐饮有限公司行政总厨

擅长传统苏帮菜、各大菜系融合创新制作

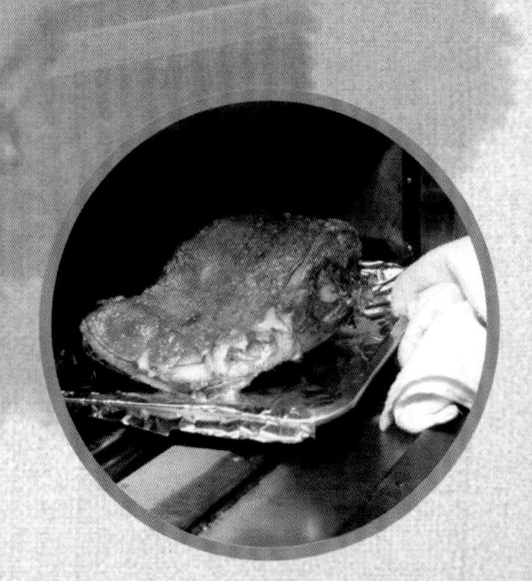

“香烤铜仁羊排”创意源自中国久负盛名的特色菜肴——烤肉。《明宫史·饮食好尚》中就有“凡遇雪，则暖室赏梅，吃炙羊肉”的记载。许翔大师研发的这款香烤羊排，先焐后烤，烤出来的羊排外焦里嫩，鲜香多汁。

【香烤铜仁羊排】

当跑山羊来到中国羊肉美食之乡

苏州地区特产丰饶，人文荟萃，对苏帮菜的形成、发展起着十分重要的作用。“藏书羊肉”“双凤羊肉”“东山羊肉”“桃源羊肉”“乐余羊肉”“石浦羊肉”等，正是在吴文化的熏陶和苏帮菜烹饪技艺的滋润下，创造出了苏州地域别具一格的特色美味羊肉。

贵州铜仁气候特点是四季分明、春暖风和、冬无严寒、夏无酷暑、雨量充沛、湿度较大，而在这样环境下生长的跑山羊品种，其羊肉非常鲜美，口感细腻，瘦而不柴，是优质的菜品食材。

烧烤，是最简单原始的烹饪方式，能激发食材的醇香原味。有人说，烧烤，吃的就是那股从烟火中冒出的浓香与人情味及江湖气息。不知何时起流行了这样一个段子：“世界上没有什么事是一顿烧烤不能解决的，如果有，那就两顿。”其背后蕴含着中国人对农耕、渔猎文化的特殊情结。

一腌二焐三烤自带苏州味道

烧烤作为餐饮中的一个大系列，受到不同国家和不同地区人们的喜爱，发展出各种各样的吃法，并被赋予了丰富的文化内涵。相似的做法，在不同的地域繁衍出各不相同的味道。在贵州铜仁，当地人用猛火烧烤出的羊肉小串、羊排、羊腿，外焦里嫩，香酥可口。在苏州得月楼，许翔大师用电烤箱，让烧烤从夜宵摊走进酒店，开启健康环保新模式。

苏州人在饮食上喜爱偏甜偏烂的菜肴。在烹饪中擅长采用文火将食材慢慢焐烂，品尝时入口而化，不需咀嚼。许翔大师在制作“香烤铜仁羊排”时，尝试了数次。第一次研制，是将羊排先腌制，后烤制，烤出的羊肉发柴发木，尽管表皮焦脆，香味浓郁，但是羊肉纤维中却无滋味；第二次研制，在腌制与烤之间，增加了苏州传统手法“焐”的烹调技法，起油锅炒制蔬菜料做成卤汁，羊排放入，大火烧开，小火焐2小时，随后再加以香烤成菜，烤箱温度设定200~240摄氏度（根据羊排厚薄而定），烤制时间在50~60分钟，摆盘成型，色香味形俱全。这样烤出的羊排有着淡淡的膻香味、微微的焦脆感，在多种口感交融中润喉开胃。

营养小贴士

羊排含有丰富的蛋白质和纤维素，有“肉中人参”之称，温补益气、养肝明目，一般人群都可以食用，尤其适用于体虚胃寒、中老年体质虚弱者。

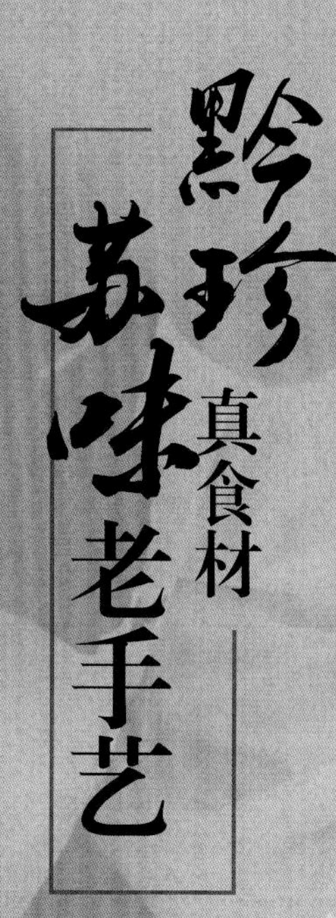

黄明

贵州食材推介大使
苏州味菜品研发员

中国烹饪大师
国家中式烹调高级技师
苏帮菜优秀工匠
2017年中华金厨奖
2017年中国技能大赛中餐评委
世界厨师联盟国际评委
苏州东山宾馆副总经理

擅长苏帮菜创新、各大菜系及中西菜点融合制作

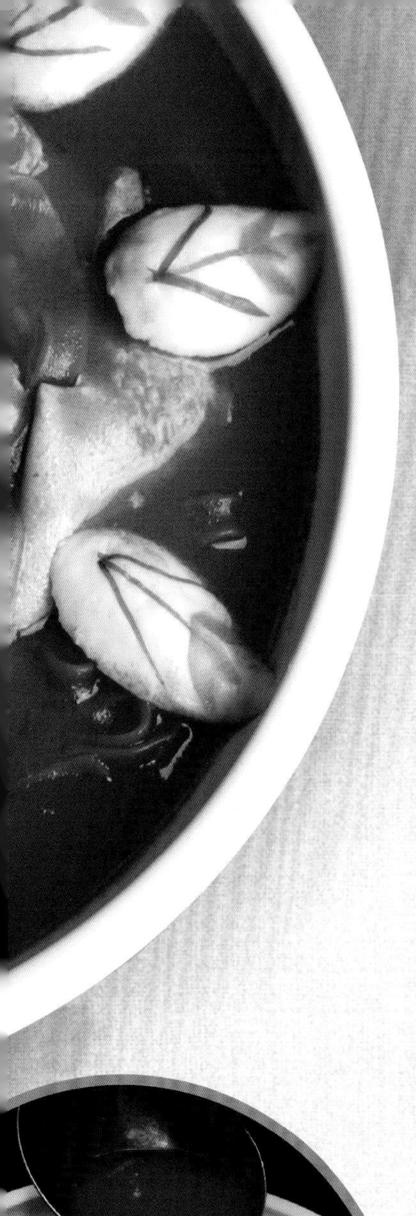

这道菜品的创意来源于江浙一带的经典菜——“拆烩鱼头”。这道菜，鱼头加工后无骨，食用时是用汤匙而不用筷子，为苏州地区冬季常用的宴席佳品。

酸汤拆烩鲢鱼头

创新源于味变

味道是菜肴的灵魂，传统的拆烩鱼头的口味是咸鲜味，因此黄明大师选择了贵州红酸汤来改良这道经典名菜。贵州的红酸汤是将本地野生的小番茄洗干净，与适量的食盐一起放入特制的坛子（密封不见光的土陶瓷罐），盖上盖子密封，在盖子边水槽围上水（水要经常换，以防变质），让其在25~30摄氏度的温度条件下自然发酵，其酸味鲜美，辣味有余，是十分开胃的调料。

手无刀而心有刀

拆烩鱼头的操作关键在于“拆”，拆骨是中式烹饪技艺中的硬功夫，非一般人能够掌握，因为必须留下鳃下的肉和皮，而且皮一定要保持完整。刀、手、扦协同达到随心一致，方能使其形不散、其肉不碎，成品美观。在美食纪录片《风味人间》第四集“肴变万千”中，可以看到，厨师徒手拆骨后，鱼头仍旧品相完整，一个鲢鱼头，总共拆下38块鱼骨，让人叹为观止，黄明大师就已达到了此烹制境界。

食材口味拆烩鲜

民谚曰：“花鲢吃头，青鱼吃尾，鸭子吃大腿。”酸汤拆烩鲢鱼头主料用太湖花鲢鱼鱼头（净鱼头2斤以上，鱼头大小有讲究，太小不好拆骨），净杀后用刀一切为二，加水放小葱、生姜、花雕酒、胡椒粉上火烧开，改小火焖烧1小时（不需加盖，可以散去腥味）。捞出后，速放入冰水中极速降温。然后将用红酸汤和鸡汤加底味煨过的鱼脸肉和腮肉放入器皿；用清汤（清汤：老鸡、精肉、龙骨、鸡爪、火腿上笼蒸数小时）加盐调味勾薄芡浇入鱼头；鱼尾肉打成鱼茸做成精美的造型，点缀在周围。

酸汤拆烩鲢鱼头，有“二吃”，一品酸汤吃其鲜，鲜美自然；二尝鱼肉吃其香，鲢鱼脸上的肉与皮入口滑腻、鲜美，非常入味，既是苏州传统菜的创新之举，也是贵州食材出山入苏的融合之作。

营养小贴士

1.红酸汤含有丰富的有益有机酸——乳酸（由天然乳酸菌自然发酵而成）和维生素C等，对调节人体肠道微生态平衡、预防消化道疾病具有很好的功效。

2.鲢鱼头有丰富的胶质蛋白，是滋养肌肤的理想食品，有健脾补气、温中暖胃的功效，尤其适合冬天食用。

苏帮菜烹饪大师说

一样的卤制 不一样的口味

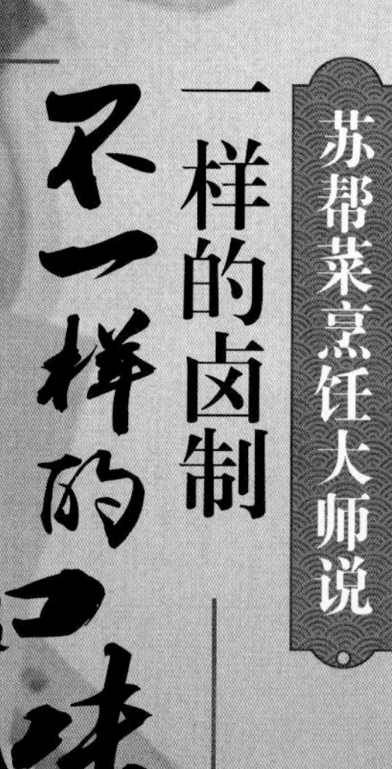

周斌

贵州食材推介大使

苏州味菜品研发员

中国烹饪大师

苏州市创业协会副会长

苏州市面业小吃协会副会长

苏州科技大学、苏州旅游财经学校创业导师

2017年苏州市烹饪协会优秀企业家

苏州市赵天禄食品营销中心董事长

苏州杜三珍餐饮管理有限公司董事长

擅长苏式卤菜制作

梵净太平跑山鸡，这道创新菜品源自苏州卤菜中的香草咸鸡。苏州卤菜行当历史悠久，据乾隆《吴县志》记载，北宋建隆元年（960），苏州已有熟肉卤菜店，至明清时，卤食店已相当普遍。20世纪80年代，苏州街市饮食流行吃卤味。苏州卤菜泛指冷菜、冷盘，品种有家禽畜牧业的牛、羊、猪、鸡、鸭、鹅等，采用其爪、蹄、肚、头或其他部位制成，其中咸草鸡是极重要的一道卤菜，鸡肉鲜嫩、咸淡适中、油而不腻，符合苏州人的口味。

【梵净太平跑山鸡】

源起于“露鸡”的卤菜

卤味可称得上菜之大味，卤味属复合味型，味咸鲜，具有浓郁的五香味。卤制品的起源可以追溯到遥远的战国时期。史书中关于卤菜的最早记载，是战国时期的宫廷名菜“露鸡”。《楚辞·招魂》和《齐民要术》中都记载了“露鸡”的制作方法。中国现代文学家郭沫若，根据《楚辞·招魂》和《齐民要术》中的“露鸡”记载，在《屈原赋今译》中将“露鸡”解作“卤鸡”，此后红卤烧鸡、香草咸鸡、白卤的白斩鸡等，都依据“露鸡”的工艺或口味裂变发展而来。

专业制作高标准

杜三珍的苏式卤菜生产加工至今保留着传统制作技艺，菜品继承发扬苏式卤菜“香、糯、酥、甜”的特点。制作工艺讲究原料、加工、调味、火候。

原料精选贵州梵净山麓跑山鸡，无大气、水质、土壤污染，生长周期平均达365~400天。此鸡终日嬉戏吃食，享天然环境与光照日晒，能跑会飞，成为肌肉紧实的好食材。梵净太平跑山鸡制作过程烦琐，首先需将精盐与花椒一起炒香，均匀拌于鸡身，腌制12小时；其次在锅中放入葱、姜、白芷、八角，加入高汤烧开，放入焯过水的鸡，大火烧开加少许白酒，15分钟后转文火焖制75分钟后关火；最后焖制90分钟后捞出。成品特点：“随其自然，追寻本味。”

专属味道杜三珍

“杜三珍”原名“杜家老三珍斋肉铺”，创建于光绪十二年（1886）。由于其选料严谨、加工技术精湛，获得了市场的认同。其风味的形成是长期与食客磨合改进得来的。杜三珍在坚守中传承，在坚持中精工细作，以匠心精神，坚守着年年岁岁。

此次杜三珍研发的梵净太平跑山鸡，凭着认真的态度、精湛的制作工艺，一经推出，便深受食客好评。专属味道“杜三珍卤味”代表着苏州人对苏州品牌的热爱、对生活的热爱、对美味的热衷，使人们餐桌上的精致佳肴多了可选择的品种。好食材贵州产，好味道杜三珍，这种大山特色与水乡特点的结合，让我们知道，世间还有如此多的美味在等待着你我去享用。

营养小贴士

梵净太平跑山鸡，高蛋白、低脂肪、营养丰富，具有健脾益胃、温中益气、益五脏、补虚损的功效。

苏帮菜烹饪大师说

舌尖美味
红烧小黄牛肉面

肖伟民

贵州食材推介大使
苏州味菜品研发员

江苏省烹饪大师
苏州市餐饮业商会副秘书长
苏州市创业协会副会长
苏州市面业小吃协会副会长
中国烹饪协会理事
《舌尖上的中国第二季》美食顾问
南京林业大学食品科学与工程学院创业导师
同得兴文化品牌持有人
苏州同得兴餐饮有限公司总经理

擅长制作苏州奥灶面和枫镇大肉面

红烧小黄牛肉面的研发属苏州奥灶面系列中的红汤类，操作以讲究“五热（面热、油热、汤热、浇热、碗热）一系，两重（重油、重青）一体”著称。美味源于精选食材（跑山小黄牛）、筋道制面（东北小麦）、浓汤老味（同德老汤）、传统厨艺（百年传承）。

红烧小黄牛肉面

汤

红烧小黄牛肉面的料汤，选用淡水鱼头、黄鳝骨、河湖虾、清水螺蛳等具有江南水乡特色的食材熬制，同时再用牛骨、母鸡吊鲜（成高汤），炖制4小时，其间不揭盖、不加水、不加味精，熬出的牛骨髓和油脂覆盖在料汤之上成保温层，长时间保持温度以备随时食用。出品时的面汤分“宽汤”与“紧汤”，汤多谓之宽，汤少谓之紧，以食客要求调制配比。

浇头

浇头选用贵州铜仁跑山牛腱子（牛小腿上的肌肉），这部分的肉脂肪较少，又有许多连接组织，不容易煮散，最适合长时间炖煮。将牛腱切成长方有厚度的大块；取一个大锅加水，煮开后牛肉焯水；再取一个深锅，预热后倒入植物油，加入草果、肉豆蔻、香叶、干红辣椒、小茴香、花椒、八角、姜片、葱段和冰糖，不断翻炒；加入牛肉高汤炖煮，出品成型成块有模样。

面

为了凸显汤的重要性，奥灶面通常选用精白粉加工而成的0.6毫米细面，其纤细组织极易吸收汤汁鲜味，龙须般的面色泽光亮、口感爽滑，视觉效果好。下面、捞面有讲究，水要清，时间掌握恰当，面汤不浑，无碱水味，装碗时笊篱出面利索，不拖水，筷子夹面一抖一翻做成观音头，入碗时不能泼汤，纹理要规整，中间拱起，微露出汤，做成鲫鱼背状，出水入碗迅速成形，与面汤成比例。

营养小贴士

1.牛肉含有丰富的蛋白质，其中氨基酸的组成结构更接近人体营养需要，能提高机体抗病能力，有补中益气、滋养脾胃、强健筋骨的功用。

2.面条营养成分有蛋白质、脂肪、碳水化合物等，易于消化吸收，有改善贫血、增强免疫力等功效，为使营养均衡，宜添加配菜（青叶）同食。

苏帮菜烹饪大师说
好物天赐
好味精作
倪清
贵州食材推介大使
苏州味菜品研发员
江苏省烹饪大师
国家中式烹调高级技师
苏帮菜优秀工匠
苏州市名厨大联盟（名厨专业委员会）委员
2017年央视厨王争霸荣获“央视厨王”称号
苏州新城花园酒店餐饮部行政总厨
擅长苏帮菜创新、各大菜系及中西融合菜点制作
贵州食材推介大使

这道菜品的创意灵感来源于苏州地区的一道家常菜“狮子头”。狮子头的制作工艺，最早见于清中后叶的《调鼎集》，书中有“大劗肉圆”的记载。明确是清炖的做法则见于清末的《清稗类钞》，用的是“隔水炖”的技法。民国时候菜谱记载的皆是红烧的做法。

【梵天鸿运狮子头】

化平庸为神奇

1.食材。猪肉选自贵州高原地区的黑毛猪，当地老百姓至今仍然采用“放牧”“补饲”的饲养方式，黑毛猪吃在山上，长在山上，睡在山上，肉质肥而不腻，瘦而不柴。蟹粉是用苏州阳澄湖大闸蟹手工拆出，膏脂丰腴，紧实鲜美，用姜去腥后，再用黑毛猪板油炒之，“有鲜而无香，有味但不厚”。

2.比例。肉要讲究肥瘦相间，狮子头肥肉必不可少，否则会失去肥腴鲜嫩的口感。搭配的比例很重要，大体来讲，肥肉和精肉的比例为3:7。如果讲究的话，肥瘦肉的比例还会根据季节不同而微调：夏天3:7，春秋4:6，而冬天寒冷，可以肥瘦5:5。

3.刀工。肥瘦肉因为纹理不同，要分开来切成丝，而后切成石榴籽大小的肉丁（肥肉丁要比瘦肉丁略大些），尽量用切的方式，到最后略剁斩几下即可，尤其别用绞肉机。这样的好处是保持肉质的肌理，让组织尚存，最大限度地保持口感的鲜嫩。

4.加工。切好的肉加入调料慢慢搅拌，使之完全上劲。葱姜水不可一次加足，应边打边加；蛋清不能加多，加太多成品会发硬；顺时针方向搅拌，反复摔打上劲，避免炖的时候散开。厨师凭数十年来的手感，将每个狮子头的份量控制在二两左右。

5.创新。传统的蟹粉狮子头是将蟹粉与肉搅拌在一起，这道梵天鸿运狮子头经过改良，将蟹粉与肉分离，使得蟹味与肉味更纯粹猛烈。另外，这道菜的妙处还在于狮子头顶部添加的鱼子酱，可谓是将海、湖、山三处食材放在同一个盘中，有一种穿越了地域界限的满足感，小火慢煮6个小时，狮子头达到入口即化的程度即可。

出品时，狮子头底部浸润在一片由蟹黄和蟹粉组成的金黄鲜甜之中。筷子是夹不起狮子头的，肉身须用调羹舀起送入口中，吃不出肉粒，但吃得出肉汁，酥烂鲜嫩，鱼子酱像一个个水球，轻轻与上颚一触碰就会破裂，融化在舌间。

营养小贴士

猪肉含有丰富的优质蛋白质和脂肪酸，并提供血红素（有机铁）和促进铁吸收的半胱氨酸，能改善缺铁性贫血；蟹粉含有丰富的蛋白质及微量元素，对身体有很好的滋补作用。

以食为媒 味美天下

黔菜烹饪大师推荐

黄兴全
黔菜烹饪大师

资深级中国烹饪大师
贵州省“突出贡献”烹饪大师
中国黔菜黔厨推介人
中国食文化辞典撰写人
中国星厨品牌计划导师
中国食文化贵州省烹饪专家
2018年入选《中国烹饪大师百人作品精选》

【锦江仓颉鱼】

黄兴全大师根据“仓颉造字”产生灵感，研究和创新出锦江仓颉鱼之做法。2002年，此菜在贵州省首届烹饪技术大赛个人热菜赛上荣获银奖。

【鲜味豆腐包子】

黄兴全大师根据铜仁豆腐的特点，将鱼肉、羊肉、鸡肉、豆腐茸、土豆泥包入馅心，制作出口味一绝的鲜味豆腐包子。

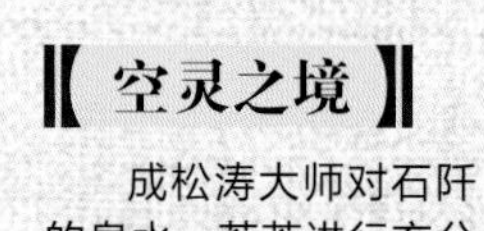

成松涛
黔菜烹饪大师

中国烹饪大师
铜仁市首届烹饪技术大赛评委
铜仁市职业技术培训学校烹饪专业教师
国家烹饪技术专业高级评审员

【空灵之境】

成松涛大师对石阡的泉水、苔茶进行充分的创新，最终研发成菜肴，并得到了广大食客的喜爱。

【鱼羊鲜】

成松涛大师根据当地饮食习惯，研发了“鱼羊鲜”特色名菜。

搭建大师交流平台 传承烹饪传统技艺 互通两地饮食文化

唐国华

黔菜烹饪大师

中国烹饪大师
贵州省食文化研究员
铜仁市烹饪协会常务理事
铜仁市大美黔菜选拔赛评委
铜仁市首届烹饪技术大赛评委

【酒香葫芦鸭】

唐国华大师根据古时用葫芦盛酒之习俗研创了酒香葫芦鸭，深得各地专家评委的好评，并获得贵州省烹饪技术大赛金奖。

【特鲜粉蒸鱼】

唐国华大师在传统技术上创新，突出了地方和地标产品，开创了制作羊肚和粉蒸鱼的先河。

【铜仁刨汤肉】

王江华大师制作的铜仁刨汤肉，源自铜仁特有的风俗饮食习惯。当地老百姓快到过年的时候，杀年猪，熏腊肉，灌香肠，与亲朋好友邻居共同享受年猪美食，用本地话说就是吃刨汤。

王江华

黔菜烹饪大师

中国烹饪大师
贵州省烹饪大师
国家中式烹调高级技师
铜菜推展大师
贵州省餐饮文化大师

【八里香炒鸡】

王江华大师根据本地人喜辣的习性，经过改良创新出了八里香炒鸡菜肴。此菜肴得到了许多食客的喜爱。

鲁定成

黔菜烹饪大师

贵州省餐饮文化大师
国家中式烹调高级技师
国家公共营养师
铜仁市烹饪协会副秘书长

【伯妈干菜】

鲁定成大师根据现在百姓追求健康养生，回归自然、回归农家田园的饮食方式，研制出了伯妈干菜。

【爆竹声声迎嘉宾】

鲁定成大师经过多次研发创新，利用三文鱼制作出爆竹声声迎嘉宾的菜肴，并在铜仁市大美黔菜赛上荣获最受欢迎菜品奖。

【糟辣八宝麻鱼】

蒋洪民大师根据食材特性，创新研发出了此道糟辣八宝麻鱼佳肴，并在2007年贵州省第二届烹饪技术大赛个人热菜赛上荣获金奖。

【酸辣跑山鸡】

蒋洪民大师结合本地饮食特性，研发了酸辣跑山鸡，此菜开胃下饭，本地风味突出，营养丰富，层次分明，色泽红亮。

蒋洪民

黔菜烹饪大师

国家中式烹调高级技师
铜仁市烹饪协会常务理事
铜仁松桃八景酒楼行政总厨

搭建大师交流平台 传承烹饪传统技艺 互通两地饮食文化

李开阳

黔菜烹饪大师

贵州省烹饪大师
国家中式烹调高级技师
铜菜推展大师
铜仁市烹饪协会常务理事
贵州省青年名厨委员会委员
铜仁市首届烹饪技术大赛评委
铜仁市碧江区回家吃饭庄行政总厨

【龙腾锦江】

李开阳大师结合锦江草鱼和水果特性，制作了龙腾锦江菜肴，此菜在贵州省大美黔菜评选中当选最受欢迎菜肴。

【黔东菜园】

李开阳大师根据铜仁多民族饮食文化创造出此道菜肴，在《铜仁百味》出版发行暨饮食文化座谈会上，得到了铜仁市主要领导题名“黔东菜园”，并在贵州省第三届烹饪技术大赛个人热菜赛上荣获金奖。

张世标

黔菜烹饪大师

贵州省烹饪大师
国家中式烹调高级技师
铜仁市大型历史书刊《铜仁百味》供稿人
铜仁市世标小菜馆、世标粉面馆创始人

【铜仁软哨】

张世标大师用猪肉制作成的软哨是铜仁一大特色菜。黔东的百姓都有以吃猪肉为主的习惯，特别是吃粉的时候都偏爱以猪肉为配菜，再配上本地独有的锅巴粉，成为当地早、中、晚都必备的一道美味。

【土司扣肉】

张世标烹饪大师创新制作的土司扣肉，是在土司菜肴的基础上传承研发的，是极具地方特色的经典菜肴，此菜在贵州省烹饪大赛中荣获金奖。

闲话 鸡爪鸭信与市场

撰文/温之度

说到部分与整体，马上会让人感觉那是个哲学问题，给人以高深、严肃之感。如果说，我们生活中也充满着辩证法，哲学也可以与柴米油盐连在一起，一定会让人豁然："是啊，天有阴晴圆缺，不也透出了辩证的意味吗。"于是，就有了《通俗哲学》这样的通俗性哲学著作，用理论来说明实践中出现的新问题、新情况、新现象。

1945年，抗战胜利那年，苏州举办了一场由四乡十个重镇参加的烹饪大赛。各地精选食材，拟订菜名，期望一举夺魁。用直一升斋开出的比赛菜单是炒豆瓣、炒豆芽、炒笋尖、豆腐蛋黄猪肝汤。看着这菜单，哪像比赛，不就是一点家常菜吗？可比赛结果，一升斋的杨师傅夺冠。原来"炒豆瓣，用料是塘鳢鱼头上的两粒鳃肉；炒豆芽，用料是油发鲤鱼须；炒百叶，用料是水发鹅掌脚蹼；炒笋尖，用料是麻雀的舌头；豆腐蛋黄猪肝汤用料是鸡鸭脑、蟹黄、鲃肺"。普通的菜名，精致的食材，加上杨师傅高超的技艺和异想天开的创意，这些"部分"就超过了"整体"食材的价值。

《红楼梦》中薛姨妈留宝玉吃饭，宝玉夸"珍大嫂子叫人做的好鹅掌、鸭信"，于是，薛姨妈"忙也把自己糟的取了些来与他尝"。乐得宝玉说："这个须得就酒吃才好。"鹅掌、鸭舌（鸭信）这些似乎不能算酒宴"重器"的菜肴，看来，也能上得厅堂，入得贵胄之门。清朝袁栋在《书隐丛说》中记有苏州船菜情况："往往至虎阜（即虎丘）大船内罗列珍馐以为荣。春秋不待言矣，盛在夏之会者，味非山珍海错不用也。鸡有但用皮者，鸭有但用舌者……""鸡皮""鸭舌"与山珍海味同列，可见选用某一食材的某个部分，就会有化腐朽为神奇的效果，而且身价会就此而提高。好在如鹅掌、鸭信、鸡爪之类，现在已经进入寻常百姓家，因其风味亦为国人所尚，脱胎为大众食品。

商品流通于市场，市场选择商品。"选择"对商品有标准化的要求，满足者才能受到市场欢迎。而这些标准是多方面的。譬如鸡爪，有些品种的鸡爪，因瘦小而不能做卤制菜肴的原料。鸡爪分割后，还要按大小重量进行分档，如按50克、45克、40克等归类，不同的规格有不同的价格，生产制作有不同的标准，销售也有不同的档位。再譬如，原材料有了保障，在生产加工环节也要与市场需求对接。如猪肉去毛的问题，是一项非常考验设备设施与技术能力的工艺。因为，有些猪肉表皮上看似没有猪毛了，但一烹制，随着收缩、膨胀的变动，隐在猪皮下的毛根，就会显露出来。有人戏称这样的带毛肉皮，如刷衣、刷鞋的"毛刷"。家庭购一些猪肉，因量少还可以手工拔一下去毛。如果食品生产企业大批量使用，就必须要用"无毛"的猪肉原料才行。

市场需要特色农产品来丰富人们的生活，满足人们不断增长的新需求。利用地方优势，种植养殖特色农产品，将潜在的农业生产力引导与激发出来，有利于突破农业生产传统产业结构的瓶颈，形成新的产能，实现新的发展。特色农产品在发展中，产业规模、加工能力、产销均稳、物流成本、市场营销等方面，都会影响特色农产品走向市场的状况。以市场为导向，关联生产、加工、储运、销售各环节，可构建全体系产业链，以模式化、模块化提升产品进入市场的效率。

新的时代，有新的经济发展要求，有新的经济运营方式。2018年12月26日，中国遵义朝天椒（干椒）批发价格指数正式对外发布。从这一指数的发布意义看，它有着"准确把握市场脉搏、完善价格形成机制、培育农业农村数字经济、加快推进农业市场化和信息化进程，深入推进辣椒产业供给侧结构性改革"的重要意义。大宗产品、价格机制、信息平台、市场脉搏，这是当地重要农产品朝天椒走入市场的一种新方式，是一种凝聚、复合的方式，必将会有新的市场反响。

新的时代，农产品进入市场，需要一产、二产、三产联动以及体系的构建。这样会有助于农产品，以及种植养殖者、加工者，更加精准地与市场（包括生产者与消费者）对接。马克思在《资本论》中说："商品到货币是一次惊险的跳跃。如果掉下去，那么摔碎的不仅是商品，而是商品的所有者。"商品在市场中实现跳跃，不仅有高度、长度和广度，还有各方面之间的关联度，这些尺度和关联度，影响着跳跃的最终成效。

汪大师说『接地气』

撰文/温之度

十月，苏帮菜制作技艺代表性传承人、资深级中国烹饪大师汪成，随苏州市烹饪协会、苏州市面业小吃协会考察组，赴贵州进行了为期五天的考察走访。

虽说仅有五天时间，好似走马观花一样，但每到一地，依然是实实在在地走入种植基地的山间地头，走进养殖基地的坡谷草地。在贵州的那几天，汪大师还是保持着日常的生活习惯，每天一早，要到当地的菜市场里转一转。

汪大师说："贵州各地的菜场，食材也是非常多的，而且还有当地的特色。"食材的丰富性和地方性，给汪大师留下很深的印象。"鸡这样的食材，与苏州菜场的价格也差不多，十几块钱一斤，而肉质相对要紧致一点，质量不错。"看来，汪大师的转菜场，真的是"一看两问三摸四比"，因为不买，所以下面的"讨价还价"也就省略了。虽说菜场"五部曲"少了一个，但对于当地的食材，汪大师有了一点实际的感受。

贵州铜仁的食材，如何与苏州的饮食行业对接，这是苏州市面业小吃协会考察组赴贵的出发点。回到苏州后，汪大师就紧锣密鼓地投入到"贵州材·苏州味"美食展示的活动中。因为苏州有10家餐饮企业参与美食展示活动，从贵州寄来的食材远远不够，所以，一些食材还是从铜仁市驻苏州的铜仁市优质农产品推广中心处选择。推广中心是对市场销售的一个窗口，有销售便有价格。也由此，引出了汪大师的"接地气"话题。

所谓接地气，这里所指的是商品的价格，要与当地的平均消费水平相对应。即便是质优，在市场中也是相对的。物质不短缺的今天，商品丰富多样，商品间的可替代性也增强了。而价格因素在大众消费中，还起着重要的影响作用，决定着消费者的购买行为。

从推广中心的价格来看，鸡、鸭的售价每只要120元，重量大约在2~3斤，这样的售价在苏州还是相对较高的。也许有人会说，一分价钱一分货，质优自会价高。这当然是商品价值的体现。而另一方面，价格超过了一地的消费水平，也会影响到商品的销售数量。特别是，餐饮企业所用的食材，要与餐饮消费水平对等。以大众消费为主流的当今餐饮行业，价格自会有其相对应的"阈值"，在一定的范围内，实现品质与价格的对称。汪大师讲，他在考察中了解到，一个绿壳鸡蛋在农户处的收购价是0.5元/个，而在苏州推广中心的销售价是25元/10个。这样的销售价，还是会制约消费量的扩大。

汪大师说："贵州有好的食材，也有大众价格的好食材。优质食材要为大众所接受，接地气很重要。"

飞越多彩贵州 走进桃源深处

撰文/吴王文化

铜仁毗邻湘渝，为“黔东门户”，锦江、乌江两条黄金水道，舟楫往来，码头林立，商贾云集，极尽繁华。

1987年8月21日，国务院批准撤销铜仁县，设立铜仁市（县级市，今天的碧江区），原行政区域不变。

2011年10月22日，国务院批准同意撤销铜仁地区，设立地级铜仁市。同年12月28日，铜仁市第一次党代表大会召开，标志着铜仁作为省派驻机构——地区体制的历史使命结束。

自此，铜仁的历史掀开了崭新的一页。以活力迸发的经济生态、山清水秀的自然生态、和谐稳定的社会生态、多彩繁荣的文化生态、风清气正的政治生态，铜仁逐渐成为绿色发展高地、内陆开放要地、文化旅游胜地、安居乐业福地、风清气正净地。

铜仁水果产业分县情况

区、县	累计播种面积（万亩）	水果产量（吨）
碧江区	5.49	50,893.80
万山区	5.43	37,304.00
江口县	6.05	46,110.00
玉屏县	7.06	38,880.88
石阡县	15.36	68,706.23
思南县	9.41	44,328.42
印江县	13.15	47,891.00
德江县	10.64	62,317.00
沿河县	13.98	58,880.00
松桃县	10.70	51,422.10
合　计	97.27	506733.43

铜仁蔬菜产业分县情况

区、县	累计播种面积（万亩）	蔬菜产量（吨）
碧江区	19.94	277,046.00
万山区	15.20	247,685.20
江口县	14.48	184,871.00
玉屏县	8.97	120,138.00
石阡县	28.97	376,722.50
思南县	30.44	483,523.10
印江县	27.35	311,003.80
德江县	29.14	412,325.00
沿河县	29.80	497,881.30
松桃县	26.22	350,479.00
合　计	230.50	3261674.9

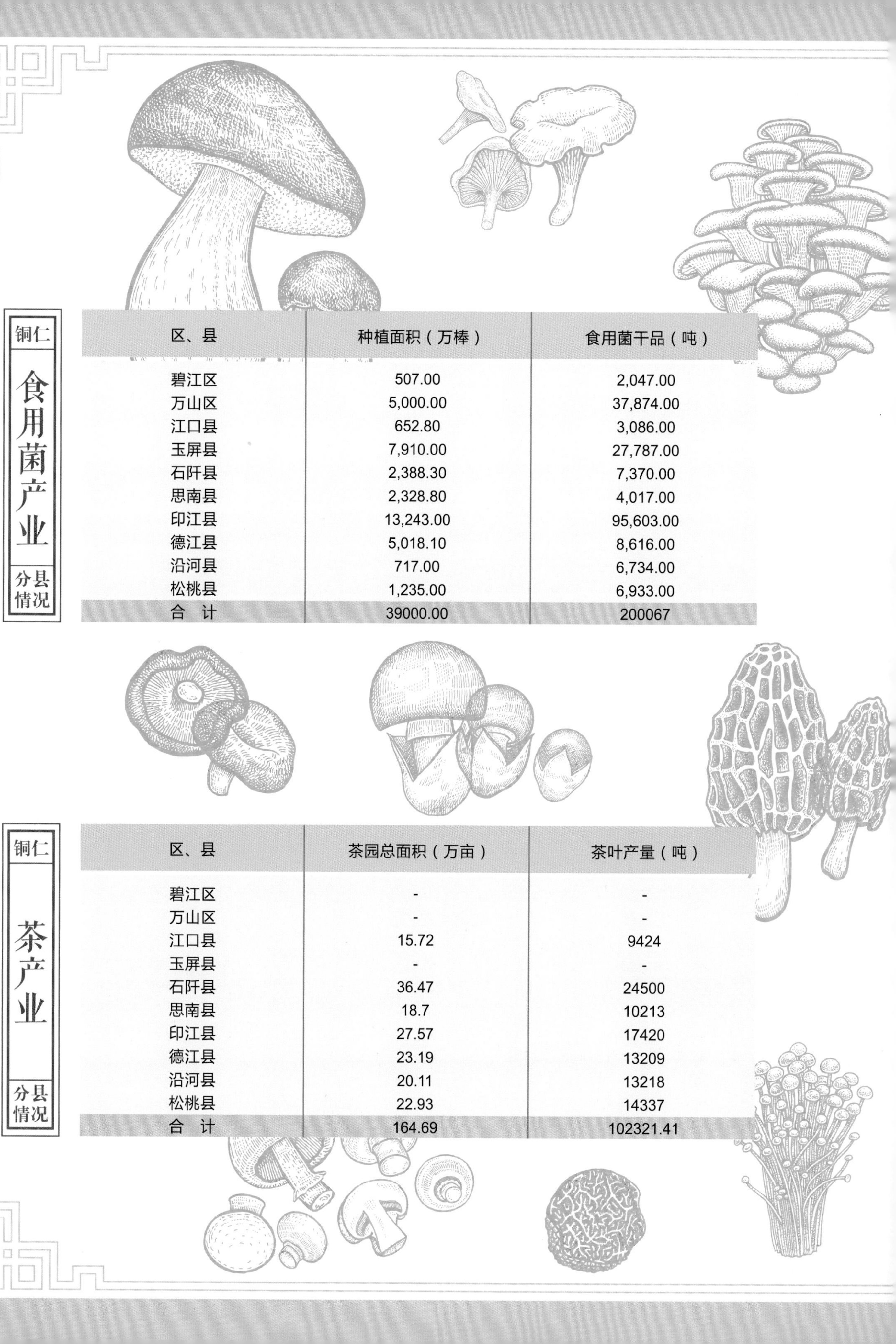

铜仁 食用菌产业 分县情况

区、县	种植面积（万棒）	食用菌干品（吨）
碧江区	507.00	2,047.00
万山区	5,000.00	37,874.00
江口县	652.80	3,086.00
玉屏县	7,910.00	27,787.00
石阡县	2,388.30	7,370.00
思南县	2,328.80	4,017.00
印江县	13,243.00	95,603.00
德江县	5,018.10	8,616.00
沿河县	717.00	6,734.00
松桃县	1,235.00	6,933.00
合　计	39000.00	200067

铜仁 茶产业 分县情况

区、县	茶园总面积（万亩）	茶叶产量（吨）
碧江区	-	-
万山区	-	-
江口县	15.72	9424
玉屏县	-	-
石阡县	36.47	24500
思南县	18.7	10213
印江县	27.57	17420
德江县	23.19	13209
沿河县	20.11	13218
松桃县	22.93	14337
合　计	164.69	102321.41

区、县	累计播种面积（万亩）	中药材产量（吨）
碧江区	4.29	9106.22
万山区	3.43	7880.68
江口县	3.17	4413.17
玉屏县	5.10	3229.79
石阡县	8.58	6970.17
思南县	9.75	15315.57
印江县	8.30	23363.50
德江县	17.18	24955.18
沿河县	4.07	1745.49
松桃县	6.18	7439.99
合　计	70.05	104419.76

铜仁

生态畜牧产业

分县情况

区、县	生猪出栏（万头）	产量（万吨）	肉牛出栏（万头）	产量（万吨）	肉羊出栏（万头）	产量（万吨）	家禽出栏（万羽）	禽蛋产量（万吨）
碧江区	14.20	1.21	0.99	0.110	1.93	0.029	110.49	0.15
万山区	13.25	1.13	0.93	0.100	1.12	0.017	71.27	0.10
江口县	16.25	1.38	1.12	0.130	1.78	0.027	64.63	0.26
玉屏县	18.26	1.56	1.26	0.140	1.51	0.023	51.43	0.06
石阡县	28.90	2.46	1.97	0.220	9.72	0.150	254.88	2.56
思南县	47.12	4.12	3.33	0.370	11.05	0.170	220.5	0.59
印江县	31.92	2.72	2.23	0.250	8.57	0.130	222.96	0.30
德江县	31.35	2.67	2.27	0.250	23.76	0.360	191.33	0.39
沿河县	36.98	3.15	2.58	0.290	23.62	0.360	191.01	0.27
松桃县	43.77	3.73	3.02	0.340	13.13	0.200	332.13	0.75
合　计	282.00	24.13	19.70	2.20	96.19	1.47	1710.63	5.43

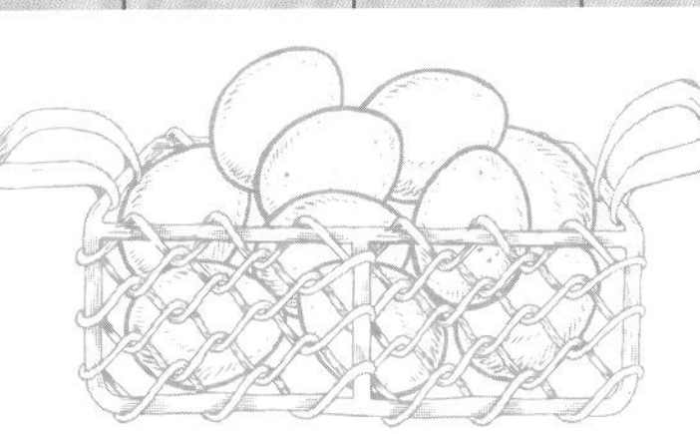

山水相遇 共创共荣

2016年，苏州、铜仁两地签署《苏州市人民政府铜仁市人民政府东西部协作和对口帮扶合作框架协议（2016—2020年）》，明确加强在农产品生产、加工、流通领域的合作，以带动绿色农产品供销基地发展，助推铜仁农产品进入苏州市场。

铜仁优越的农业资源和独特的生态环境打造出了生态茶产业、生态畜牧业、蔬果菌产业、中药材产业、油茶产业五大特色农业产业，催生了梵净山茶、食用菌、牛肉、蜂蜜、花生等地方特色优质农产品，与苏州农产品优势互补。

苏、铜两地政府和农业部门紧密协作交流，多次组织铜仁优质农产品交易会、举办铜仁农业资源专场推介会，不断增强“梵净山珍·健康养生”品牌影响力。

苏州市依托农交会、绿色风等具有影响力的展销平台，依靠农贸批发市场、农副产品配送中心等，积极拓展铜仁优质农产品在苏推广销售渠道，有力助推“铜货出山”。

同时，两地探索产业合作的新模式，围绕铜仁农业产业基地建设、龙头企业培育、品牌建设、苏州市场开拓等领域，坚持以市场为导向，扎实推进产业对接、企业合作、技术交流等各项合作，使苏铜资源强强联合，不断推动对口帮扶工作向宽领域、多形式方向发展。

苏州市农业农村局

各美其美 美美与共

铜仁生态环境优美，旅游资源丰富。如何把铜仁美景精心“烹制”成一道道美味的旅游大餐，是摆在苏州旅游人心中的一件沉甸甸的大事。

走出去。2016年起，两地市委市政府作出启动实施“新三百工程”的决策部署。苏州旅游部门迅速行动起来，计划早、行动快、效果明显，连续三年举办了百家旅行社走进铜仁——苏州人游铜仁活动，让10多万苏州市民体验到铜仁的美丽与特色。苏州各市、区纷纷组织企业家深入铜仁开展实地考察，交流对接，推出了智慧旅游建设、旅游景区开发、旅游项目合作等一系列帮扶行动。苏州旅游部门还组织专家为铜仁市梵净山景区编撰了8万多字的中、英、日、韩四国语言导游词。

请进来。在中国苏州文化创意设计产业交易博览会、中国苏州国际旅游节和中国苏州国际旅游展等大型文旅活动期间，邀请铜仁市旅游部门和当地旅游企业来苏参展推介。苏州各市、区也通过举办推介会、共享宣传资源、编写旅游口袋书等方式，将铜仁旅游的美好形象充分展现给苏州市民。苏州各级旅游部门开设了多个培训项目，把铜仁旅游系统干部职工请到苏州来，听专家授课，看企业运营，学前沿知识，助力铜仁文旅人才的培养工作。

推整合。依托苏州同程旅游搭配平台，采取“线上+线下+体验”的模式，开设铜仁专属宣传页面，重点推介铜仁市旅游资源。为铜仁开设了全国首个铜仁AI智能馆，运用大数据及多平台优势为铜仁目的地营销提供广泛支持。开展“不一样的儿童节”等公益活动，助力铜仁地区贫困儿童实现游学梦。

苏州同程旅游与铜仁的旅游帮扶合作项目助力梵天净土、桃源铜仁品牌升级，作为旅游减贫新模式的典型案例成功入围“世界旅游联盟旅游减贫案例2018”。

展望未来，两地牵手，“旅游减贫致富”成为互动共享的新成果。我们都在努力中！

苏州市文化广电和旅游局

Afterword

自2013年国务院确定8个经济发达城市与贵州省8个市（州）开展“一对一”结对帮扶工作后，水城苏州与山城铜仁便结下了不解之缘。这两个相距1400多公里的城市，跨越万水千山携手掀开了“东西部扶贫协作升级版”的美好篇章。2016年，按照市委、市政府的部署要求，苏州市科协牵头组织开展了“百名教授（专家）进铜仁”活动。三年来，结合铜仁自然条件、产业特点、人才、技术需求等各方面因素，以科技助力为抓手，会同农业、商务、旅游、文化等部门，组织各类学会、高校科协、企业科协的教授（专家）360多人走进铜仁，走村入户，送技下乡。交流对接中，我们发现，铜仁的生态绿色食材在苏州有广阔的市场，于是通过牵线食行生鲜电商平台，使首批铜仁香菇成为“网红”食材。随之，一个利用贵州铜仁优质特色食材，借助苏州餐饮企业与苏州烹饪大师的研发制作，将“山珍”与“苏味”有机地结合起来，进入苏州市民餐桌，支持铜仁农产品“出山”的合作项目便应运而生。

我们与苏州市烹饪协会协作启动菜品研发项目，14家苏州知名餐饮企业、近20位烹饪大师历时半年共同研发出了酸汤拆烩鲢鱼头等150余道创新菜。该书的编写，就是对“山珍·苏味”的系统整理，通过对“铜仁食材、苏州味道”创新、传承发展饮食的解读，以铜仁特色食材为主料，以苏州风味为特色，用菜品助力舌尖上的精准帮扶。本书共分为铜仁净山、苏州味道、山水相遇、山珍本色、山珍苏味、食菜品鉴六个篇章，系统介绍了铜仁山货特色、苏帮菜技艺、山珍苏味烹饪技巧，科普性、实用性较强，菜品均附有精美图案与简要烹制说明，并加以“营养说”来诠释美食美味，实现家庭烹制大师菜的愿望。全书描摹出铜仁梵净山“山货”自身原生态的特质特点，赋以如“太湖水”般的苏帮菜精致的烹饪技巧，再搭乘上苏州市民健康绿色生活需求的快车，勾勒出梵净山与太湖“山水相连”的美好图景。太湖与梵净山即代表着苏州与铜仁，也意喻着苏铜两地东西协作山水相连，山水相依，因此将本书命名为《梵净山遇见太湖水》。

该书在编撰出版过程中，得到了苏州、铜仁两地农业、旅游等部门的大力支持，得到了苏州市烹饪协会、苏州市面业小吃协会、苏州吴王文化传播有限公司的密切配合，得到了参与菜品研发的14家餐饮企业的倾情协作，得到了书中刊用作品烹制大厨们的辛勤付出，在此一并表示感谢！

“铜货出山”一路畅行，大有可为。“一道菜”见证苏州、铜仁的山水真情，我们希望《梵净山遇见太湖水》一书能为铜仁优质特色食材的流通入市，搭建一个可见、可用、可体验、可感知的平台，打开一个可以展现特质的“窗口”，推进“山珍”以更多元的形式对接苏州市场，助推苏、铜两地文化的交流协作，助推农业产业发展跨越转型。

《梵净山遇见太湖水》一书难免会有不足之处，敬请读者们予以批评指正。

《梵净山遇见太湖水》编委会

Warm Thanks

铜仁市支持单位

铜仁市科学技术协会

铜仁市农业农村局

铜仁市扶贫开发投资有限责任公司

苏州黔净高原食品有限公司

贵州省万山瑞昌飞食品有限公司

贵州省松桃苗王湖高科农产业品开发有限公司

松桃梵净桃源农牧发展有限责任公司

德江县东旭特种野生动物养殖有限公司

松桃苗岭生态种养专业合作社

贵州松桃桃源土特产有限公司

贵州松桃逐梦蓝天农业发展有限公司

贵州省石阡和记绿色食品开发有限公司

贵州开心婆风味食品有限公司

江口县兴旺家禽养殖家庭农场

铜仁市武陵生态养殖有限公司

贵州印江梵净大山有机农业有限公司

德江县茂强土特产开发有限公司

贵州铜鑫生态农业发展有限公司

贵州华力农化工程有限公司

铜仁市万山区荪灵原生态农业产业有限公司

印江自治县板溪镇印龙食用菌专业合作社

思南县檬子树食用菌农民专业合作社

铜仁市万山区民得利种养殖专业合作社

思南县百味福食品商贸有限公司

贵州振兴米业有限公司

贵州晴隆肥姑食品有限责任公司

贵州金晨农产品开发有限公司

麻江县明洋食品有限公司

苏州市研发单位

苏州市烹饪协会

苏州市面业小吃协会

苏州东山宾馆

地址：江苏省苏州市吴中区东山镇启园路

电话：0512-66281888

苏州石湖金陵花园酒店

地址：江苏省苏州市吴中区南溪江路88号

电话：0512-65877777

苏州新城花园酒店

地址：江苏省苏州市高新区狮山路1号

电话：0512-68182888

苏州苏苑饭店

地址：江苏省苏州市吴中区东吴北路130号

电话：0512-66018888

苏州滄台湖大酒店

地址：江苏省苏州市吴中区太湖东路299号

电话：0512-66358888

苏州桃园国际度假酒店

地址：江苏省苏州市高新区金山路68号

电话：0512-68018888

苏州环秀晓筑养生度假村

地址：江苏省苏州市吴中区越溪街道旺山生态园内

电话：0512-66301188

张家港国贸酒店

地址：苏州市张家港市杨舍镇人民中路42号

电话：0512-58687788

苏州善正鑫木（新梅华）餐饮管理有限公司

地址：江苏省苏州市姑苏区人民路752号

电话：0512-65965778

苏州得月楼餐饮有限公司

地址：江苏省苏州市姑苏区观前街太监弄35号（观前店）

电话：0512-65222230

苏州杜三珍餐饮管理有限公司

地址：江苏省苏州市姑苏区阊胥路807号（石路直营总店）

电话：0512-67237833

苏州鑫花溪餐饮管理有限公司

地址：江苏省苏州市姑苏区凤凰街63号（凤凰街店）

电话：0512-65117839

苏州陆振兴食府

地址：江苏省苏州市姑苏区白塔西路24号（白塔西路店）

电话：0512-67779787

苏州同得兴餐饮有限公司

地址：江苏省苏州市姑苏区十全街624号（十全街店）

电话：0512-65165206

图书在版编目（CIP）数据

梵净山遇见太湖水 / 苏州市科学技术协会编著. —苏州 : 古吴轩出版社, 2019.7
ISBN 978-7-5546-1387-0

Ⅰ. ①梵… Ⅱ. ①苏… Ⅲ. ①饮食—文化—铜仁②饮食—文化—苏州 Ⅳ. ①TS971.202.733 ②TS971.202.533

中国版本图书馆CIP数据核字(2019)第116886号

责任编辑：张　颖
见习编辑：羊丹萍
装帧设计：陶　然
责任校对：韩桂丽 王　莹
责任照排：马建平 裘晓靖

书　　名：梵净山遇见太湖水
编　　著：苏州市科学技术协会
出版发行：古吴轩出版社
　　　　地址：苏州市十梓街458号　　邮编：215006
　　　　http://www.guwuxuancbs.com　　E-mail:gwxcbs@126.com
　　　　电话：0512-65233679　　传真：0512-65220750
出 版 人：钱经纬
印　　刷：无锡童文印刷厂
开　　本：889×1194 1/16
印　　张：12.25
版　　次：2019年7月第1版 第1次印刷
书　　号：ISBN 978-7-5546-1387-0
定　　价：198.00元

如有印装质量问题，请与印刷厂联系。0510-88278581